商务软件开发与应用

一体化课程教学指导手册

主　　编　杨武波　张泽光

副 主 编　刘丽婉　江文杰　蔡旭菱

参　　编　黄健聪　罗家慧　王文隶

林　枫　候　丹

编　　辑　林　枫　李　夏

校　　对　甘素文　廖婷婷

封面设计　林　枫　李燕东

图书在版编目（CIP）数据

商务软件开发与应用一体化课程教学指导手册 / 杨武波，张泽光主编. 一成都：西南交通大学出版社，2022.10

ISBN 978-7-5643-8956-7

Ⅰ. ①商… Ⅱ. ①杨… ②张… Ⅲ. ①软件开发 – 职业教育 – 教学参考资料 Ⅳ. ①TP311.52

中国版本图书馆 CIP 数据核字（2022）第 193207 号

Shangwu Ruanjian Kaifa yu Yingyong Yitihua Kecheng Jiaoxue Zhidao Shouce

商务软件开发与应用一体化课程教学指导手册

主编 杨武波 张泽光

责任编辑	何明飞
封面设计	林 枫 李燕东
出版发行	西南交通大学出版社 （四川省成都市金牛区二环路北一段 111 号 西南交通大学创新大厦 21 楼）
发行部电话	028-87600564 028-87600533
邮政编码	610031
网 址	http://www.xnjdcbs.com
印 刷	四川玖艺呈现印刷有限公司
成品尺寸	210 mm × 260 mm
印 张	12.5
字 数	404 千
版 次	2022 年 10 月第 1 版
印 次	2022 年 10 月第 1 次
书 号	ISBN 978-7-5643-8956-7
定 价	98.00 元

广州市工贸技师学院

一体化课程教学指导手册

编写委员会

前言

为贯彻落实习近平总书记在学校思想政治理论课教师座谈会上的重要讲话和中共中央办公厅、国务院办公厅印发《关于深化新时代学校思想政治理论课改革创新的若干意见》文件精神，挖掘其他课程和教学方式中蕴含的思想政治教育资源，发挥所有课程育人功能，构建全面覆盖、类型丰富、层次递进、相互支撑的课程体系，使各类课程与思政课同向同行，形成协同效应，实现全员、全程、全方位育人，广州市工贸技师学院在不断深入推进以职业活动为导向、以校企合作为基础、以综合职业能力培养为核心，理论教学与实践教学相融通、学习岗位与工作岗位相对接、职业能力与岗位能力相对接的一体化课程教学改革基础上，构建了一专业一特点的一体化课程与思政教育相互融合的课程与教学体系。

为帮助教师全面系统把握思政融合逻辑、课程内部结构，扎实推进思政融合一体化课程的教学实施，学院以专业为单位组织编写了《一体化课程教学指导手册》共 15 册。系列手册中，各专业系统梳理一体化课程中蕴含的国家意识、人文素养、技术思想、职业素养、专业文化五个领域思政教育资源，精心选取思政元素，合理布局融合点，深化教学融合设计，结构化地呈现了专业人才培养目标、课程思政方案、课程标准、教学活动等，从而帮助教师快速把握融合思政元素的一体化课程设计思路、教学目标、教学模式、课堂活动及其评价方式。

同时，《人力资源社会保障部办公厅关于推进技工院校学生创业创新工作的通知》（人社厅发〔2018〕138 号）文件明确指出，要加强技工教育创业创新课程体系建设，将创业创新课程纳入技工院校教学计划，将创业创新意识教育课程与公共课程相结合，将创业创新实践课程与专业课程相结合。系列手册中，各专业在部分工学结合的一体化学习任务基础上，融合了商机发掘、团队组建、市场调查、产品制造、商业模式设计、财务预测、项目路演等创新创业知识与技能，在日常专业教学过程中渗透培养创新意识和创业精神，从而提高学生创新创业能力。

思政融合、专创融合的一体化课程设计及其教学实施在技工院校尚属探索阶段，加之编者水平有限，手册存在的不足之处，恳请批评指正。

广州市工贸技师学院

2022 年 10 月

人才培养目标

◆ 培养定位

培养政治素质高，具有创新思维与方法、创业能力，软件分析、开发和设计能力，爱国敬业、技艺超群、诚信友善、遵纪守法，并勇于践行技能强国梦想的信息科技人才。

◆ 就业面向的行业企业类型

面向制造、物流、金融、汽车、商贸、旅游、电子商务、互联网、移动应用等有商业软件应用或开发需求的企业。

◆ 适应的岗位或岗位群

适应助理软件实施顾问、初级程序员、需求分析员、初级软件工程师、电子商务专员、软件测试员等岗位群的工作。

◆ 能胜任的工作任务

胜任软件需求分析、设计、开发、安装、测试、培训与维护等工作任务。

◆ 需具备的通用职业能力

具有较强的沟通表达能力、解决问题能力、管理能力（包括自我管理）等通用职业能力。

初级软件工程师
初级程序员
电子商务专员
实施顾问
分析
需求分析员
软件测试员

商务软件开发与应用专业思政特点

遵守职业道德，遵循行业规范，严谨理性，协作包容，能运用软件开发方法解决实际问题，服务智慧工作和生活。

商务软件开发与应用专业课程思政方案

思政领域	融合的思政元素	课程名称	学习任务	思政内容
国家意识	国情观念（爱国情怀）	单机软件开发	计算器开发	搜集中国风图案素材并学习传统文化，结合控件和中国风元素设计软件界面，树立爱国情怀

思政领域	融合的思政元素	课程名称	学习任务	思政内容
人文素养	明德修养（砥砺知行）	数据结构应用	优化并完善教学排课系统	运用软件工程思维，通过软件测试方法发现问题并修改程序，在改进优化教学排课系统过程中发现问题、解决问题、踏实肯干、砥砺奋进

思政领域	融合的思政元素	课程名称	学习任务	思政内容
技术思想	技术运用（编码规范）	CS 软件开发	开发一个基于 .NET 平台的简单客户关系管理软件	学习并运用 C# 开发规范编写代码，展示作品时，通过查看源代码考核代码规范性，养成规范编码的意识和习惯

商务软件开发与应用专业课程思政方案

思政领域	融合的思政元素	课程名称	学习任务	思政内容
技术思想	科学精神（严谨理性）	数据库应用与模型设计	应用 UML 为车辆调度系统建模	从不同角度分析系统功能，从用户需求出发，设计逻辑清晰、范围明确的模块，养成严谨理性的态度
	规则意识（法律法规与行业规范）	BS 软件开发	运用 .NET 开发简单的网络分销管理软件	熟悉 WEB 应用开发相关法律法规及行业规范，在 WEB 开发中守法规范，增强法律意识并养成遵守行业规范的习惯

思政领域	融合的思政元素	课程名称	学习任务	思政内容
职业素养	团队合作（功能模块开发）	团队合作软件开发	开发网上商城平台功能模块	学习团队合作案例，了解并遵守团队合作的要求，组建团队并分工合作完成开发任务，树立团队合作意识

思政领域	融合的思政元素	课程名称	学习任务	思政内容
专业文化	技能强国（Android 开发）	App 软件开发	应用控件类库和设计模式完善网络分销管理软件	了解相关开发技能的作用，在安卓开发中体验一技之长的优势，树立技能强国信念

目录

思政融合

专创任务

中级工
生手

高级工
熟手

职业能力成长阶梯

课程 1. 单机软件开发　　课时：120

学习任务 1 计算器开发 （54）学时 → 学习任务 2 调查问卷系统开发 （66）学时

课程目标

学习完本课程后，学生应当能够胜任单机软件开发工作，形成良好的职业素养，增强学生爱国情怀。具体目标如下。

1. 阅读任务书，并与主管、用户沟通，确认用户的软件开发需求，能围绕中国风元素下载、筛选及处理素材。
2. 根据任务书和用户需求，客观分析软件开发任务中存在的技术关键点和难点，查阅参考教材或运用其他学习资源，设计解决方案，并制订安排合理、内容全面的工作计划。
3. 正确运用 C# 编程语言及 SQL Server 数据库基本操作方法，建立包含 3 ～ 5 张关联数据表的关系数据库，生成具有严谨逻辑性的 ER 图，实现记录的增加、删除、修改、查询（包括单表查询和多表关联查询）的功能。
4. 根据任务书，独立进行软件开发成果的单元测试和功能测试，判断和修改软件存在问题。
5. 根据任务书，与主管、用户沟通，完成单机软件开发工作的验收和使用培训工作。按“8S”标准整理作业现场，按企业作业规范填写工作日志，必要时向用户提供技术答疑。
6. 遵守软件开发企业和用户企业的相关规定，保护用户企业的商业机密。

课程内容

本课程的学习内容包括：

1. C# 语言的基本语法。
2. 中国风元素的收集方法、处理技巧。
3. SQL Server 数据库的基本操作：建立简单的关系数据库，内含 3 ～ 5 个关联数据表，建立简单的 ER 图。
4. 界面设计的基础技术：创建简单的界面，设计订单格式化表单，支持不同字段类型、字段输入限制、字段验证限制等。
5. 单机商务软件记录的增加、删除、修改、查询（包括单表查询及多表关联查询）功能的实现手段；
6. 软件的单元测试和功能测试方法。

学习任务 1：计算器开发

任务描述

学习任务学时：54 课时

任务情境

单机商务软件是指仅能在单机上运行的、功能相对单一、模块结构相对简单的商务软件。开发单机商务软件是商务软件开发人员必须胜任的工作任务。单机商务软件虽然相对简单，但开发过程中需要使用开发环境、运用 C# 语言基本语法、进行 SQL Server 数据库的简单操作，无法完成此项任务的人员将不能承担更复杂的商务软件开发工作。

商务软件开发人员从主管处领取任务书，制订开发计划，运用 C# 语言及 SQL Server 数据库的基本操作完成相关单机商务软件的开发，并运用单元测试及功能测试等软件基础测试方法对软件开发成果进行质量检验。最后，还必须制作软件功能和使用方法的简介，连同软件一同交付给客户。

作业过程中，了解并遵守软件开发企业及用户企业的相关规定，同时在软件设计和开发的过程中，应按照软件开发行业的标准完成工作，尽可能地方便客户使用。

Z 软件公司是一家专门为不同行业的企业定制开发财务管理软件的公司。其业务范围涵盖建筑、化工、制造及精密仪器等，该公司开发的财务软件具有针对跨国公司等多地区货币之间快速换算、结算的能力。近期，Z 软件公司陆续收到客户意见，希望在其财务软件上添加一个计算器工具，以方便公司的会计人员处理日常事务，要求操作人性化，计算器颜色搭配合理，界面中带有中国风设计元素。Z 软件公司经研究决定，将以版本升级的方式为客户软件提供计算器工具。

具体要求见下页。

工作流程和标准

工作环节 1

获取信息 1

1. 从项目主管处获取需求文档，读懂需求文档，编写客户需求记录表，分析并明确功能要求，列出功能点，编写功能结构图；
2. 梳理计算器工作过程，绘制计算器业务流程图，理解并正确表述用户需求，编写需求分析规格书。

主要成果：

客户需求记录表、软件功能结构图、软件业务流程图、需求分析规格书

工作环节 2

制订计划，做出决策 2

1. 了解功能流程图的技术信息，根据输入输出要求，绘制功能流程图；
2. 根据客户要求进行素材收集和整理，并设计界面效果图；
3. 根据功能流程图，将操作步骤用文字表达出来，形成软件开发规格书。

主要成果：

软件功能流程图、界面效果图、软件开发规格书

工作环节 3

实施计划 3

1. 根据客户需求设计 UI，考虑布局美观，颜色搭配合理，并加入中国风元素（结绳、书契、珠算、水墨画等）；
2. 根据软件开发规格书实施计算器开发工作，实现计算器主要功能。

主要成果：

计算器软件程序

学习任务 1：计算器开发

工作环节 4

过程控制

4

完成计算器程序开发后，对程序进行测试，并编写测试报告。

主要成果：

计算器软件程序、软件测试报告

工作环节 5

评价反馈，交付验收

5

经测试无误后提交计算器软件程序，制作成果汇报 PPT 以及软件操作手册，并上台汇报。

主要成果：

计算器软件程序、软件操作手册、展示文案

学习内容

知识点	1.1 软件开发流程； 1.2 行业规范、法律法规； 1.3 需求文档概念和内容； 1.4 需求文档内容的提取方法； 1.5 了解计算器的功能和各个操作的效果	2.1 Xmind 软件使用方法； 2.2 软件开发规格书编写格式； 2.3 Visio 软件绘制业务流程图的方法； 2.4 界面美观性； 2.5 颜色搭配技巧
技能点	1.1 能理解需求文档的内容； 1.2 能提取需求文档的技术信息； 1.3 能分析功能要求； 1.4 能理解并正确表述用户需要	2.1 使用 Xmind 绘制功能结构思维导图； 2.2 绘制界面效果图； 2.3 使用 Visio 软件绘制业务流程图
 工作环节	工作环节 1 获取信息	制订计划， 做出决策 工作环节 2
成果	1.1 客户需求记录表；软件功能结构图； 1.2 软件业务流程图；需求分析规格书	2.1 软件功能流程图； 2.2 界面效果图； 2.3 软件开发规格书
素养	1.1 在与客户和业务主管等相关人员进行沟通的过程中，培养与人沟通的能力； 1.2 在阅读任务书及记录任务书关键内容的工作过程中，培养阅读理解及提取关键信息的能力； 1.3 增强道德意识，软件开发要把道德放在第一位，尊重规则，严守道德规范，尊重知识产权	2.1 在制作业务流程图的工作过程中，培养分析、决策能力

学习任务 1：计算器开发

3.1 Visual Studio 创建窗体应用程序项目； 3.2 基于控件拖放的 UI 设计； 3.3 Button、TextBox 控件的属性； 3.4 中国元素（结绳、结绳、书契、珠算、水墨画等）相关知识； 3.5 中国风与控件的结合技巧	4.1 Button、TextBox 控件的事件和方法； 4.2 变量定义、赋值和取值； 4.3 数据溢出； 4.4 软件黑盒测试	5.1 白盒测试； 5.2 PPT 制作
3.1 计算器 UI 设计； 3.2 实现 0～9 数字按钮的功能； 3.3 实现加减乘除按钮的功能； 3.4 实现等于按钮的功能； 3.5 实现小数点按钮的功能	4.1 通过变量记录上次计算结果和运算符，实现连续运算功能； 4.2 软件测试； 4.3 程序修改； 4.4 异常捕获和处理	5.1 记录反馈问题； 5.2 用户文档、技术文档； 5.3 语言表达、演示方式、礼仪礼貌、演讲技巧； 5.4 第三方试用测试
工作环节 3 实施计划	工作环节 4 过程控制	工作环节 5 评价反馈，交付验收
3.1 计算器软件程序	4.1 软件测试报告；计算器软件程序	5.1 展示文案；软件操作手册；计算器软件程序
3.1 在按照工作计划和工作流程完成软件开发和软件维护工作过程中，培养敬业、精业、严谨、规范、用户至上的工匠精神和强化爱国情怀； 3.2 结合控件和中国风元素设计软件界面，学习传统文化，树立爱国情怀	4.1 在按照工作计划和工作流程完成软件开发和软件维护工作过程中，培养敬业、精业、严谨、规范、用户至上的工匠精神	5.1 在对软件功能检测的工作过程中，培养敬业、精业、严谨、规范、用户至上的工匠精神； 5.2 在对软件测试的工作过程中，培养辨识问题、解决问题的能力； 5.3 在编写测试报告的工作过程中，培养文书撰写能力； 5.4 在评价展示工作过程中，培养汇报撰写能力和口头表达能力； 5.5 严格要求自己、严守职业操守

课程 1. 单机软件开发

学习任务 1：计算器开发

❶ 获取信息 → ❷ 制订计划，做出决策 → ❸ 实施计划 → ❹ 过程控制 → ❺ 评价反馈，交付验收

	工作子步骤	教师活动	学生活动	评价
获取信息	需求调研	1. 讲解软件开发行业规范及法律法规； 2. 分发客户需求任务书，软件样板，客户需求记录表； 3. 讲解客户需求记录表填写方法； 4. 收集学生提交的客户需求记录表	1. 聆听教师讲解软件开发行业规范及法律法规； 2. 接收客户需求任务书，软件样板，客户需求记录表； 3. 聆听教师讲解客户需求记录表填写方法，做好笔记； 4. 阅读客户需求任务书，通过操作软件样板，了解客户实际需求，填写并提交客户需求记录表	1. 教师及时对学生的口头回答进行反馈评价； 2. 抽查学生的学习工作页完成情况（是否按时、按质、按量完成）； 3. 学生提交的客户需求记录表与客户需求差异点
获取信息	**课时：** 3 课时 1. 硬资源：商务软件开发学习工作站、展板、笔、A4 纸等。 2. 软资源：《软件开发基础教程》《单机软件开发》工作页、PPT 课件等。 3. 教学用资料：《中华人民共和国计算机软件保护条例》《中华人民共和国著作权法》等			
获取信息	需求调研	1. 讲解通过 Xmind 软件设计软件功能结构图的方法； 2. 讲解通过 Visio 软件设计软件业务流程图的方法； 3. 讲解需求分析规格书的设计要求。	1. 聆听教师讲解通过 Xmind 软件设计软件功能结构图的方法，做好笔记； 2. 使用 Xmind 设计软件功能结构图并提交； 3. 聆听教师讲解通过 Visio 软件设计软件业务流程图的方法，做好笔记； 4. 使用 Visio 设计软件业务流程图并提交； 5. 聆听教师讲解需求分析规格书设计要求，做好笔记； 6. 设计需求分析规格书并提交。	1. 检查学生提交的功能结构图是否正确，功能是否齐全； 2. 检查学生提交的业务流程图是否准确，流程是否清晰； 3. 检查学生提交的需求分析规格书是否正确，要素是否齐全
获取信息	**课时：** 3 课时 1. 硬资源：商务软件开发学习工作站、展板、笔、A4 纸等。 2. 软资源：《软件开发基础教程》《单机软件开发》工作页、PPT 课件等			
制订计划，做出决策	1. 设计软件功能流程图； 2. 设计界面效果图； 3. 设计软件开发规格书	1. 讲解通过 Visio 设计软件功能流程图的方法； 2. 讲解通过 Photoshop 设计界面效果图的方法； 3. 讲解软件开发规格书的设计要求	1. 聆听教师讲解通过 Visio 软件设计软件功能流程图的方法，做好笔记； 2. 使用 Visio 设计软件功能流程图并提交； 3. 聆听教师讲解通过 Photoshop 设计界面效果图的方法，做好笔记； 4. 使用 Photoshop 设计界面效果图并提交； 5. 聆听教师讲解需求分析规格书设计要求，做好笔记； 6. 设计软件开发规格书并提交	教师点评学生提交的软件功能流程图、界面效果和软件开发规格书是否正确
制订计划，做出决策	**课时：** 6 课时 1. 硬资源：商务软件开发学习工作站、展板、笔、A4 纸等。 2. 软资源：《软件开发基础教程》《单机软件开发》工作页、PPT 课件等			

基准学时：54

1 获取信息　2 制订计划，做出决策　3 实施计划　4 过程控制　5 评价反馈，交付验收

	工作子步骤	教师活动	学生活动	评价
实施计划	1. 设计 UI； 2. 开发加法和等于功能； 3. 开发减、乘、除法功能； 4. 开发小数点和负数功能	1. 讲授中国算术发展历史，结合计算器案例进行举例介绍中国风元素的应用，指导学生对中国风元素的搜集方法； 2. 演示 Visual Studio 创建窗体应用程序项目； 3. 讲解中国风元素与现代计算器融合的审美趣味，各种控件用法及中国风元素的融入方法，引起爱国情怀； 4. 讲解 MessageBox 消息提示的使用方法； 5. 讲解变量定义和赋值； 6. 讲解数据类型和类型转换； 7. 讲解变量的加法运算； 8. 讲解变量的减法、乘法和除法运算； 9. 讲解异常捕获和处理； 10. 讲解分支结构 "if…else" 的用法	1. 了解中国文化知识，并学习中国风元素的融入方法，在网上搜集图片、字体等相关素材（结绳、书契、珠算等中国算术工具，或者水墨画等中国特色图片作为背景）并处理素材； 2. 创建项目并设计 UI，融入中国风元素，注意结合方式； 3. 总结和分享设计心得体会； 4. 添加 Button 的 Click 事件，并使用 MessageBox 进行消息提示； 5. 定义一个变量并赋值，然后使用 MessageBox 进行消息提示； 6. 将 "textbox" 的值转换为 "int" 类型并赋值给变量； 7. 进行变量的四则运算； 8. 进行异常处理的代码编写； 9. 使用 "if…else" 判断当前数据状态，设计等于运算	1. 教师对学生创建的项目及时进行反馈评价（是否带有中国风元素，注重中国风元素与现代计算器相结合）； 2. 教师点评学生完成的注释情况； 教师巡堂指导，及时指出学生编码过程中遇到的问题； 3. 回答学生的疑问，及时反馈评价； 4. 巡视并指导学生完成编码，及时给予反馈评价； 5. 学生根据评价表相互评价并打分
	课时： 30 课时 1. 硬资源：商务软件开发学习工作站、展板、笔、A4 纸等。 2. 软资源：《软件开发基础教程》《单机软件开发》工作页、PPT 课件等			
过程控制	完成应用程序开发后，对应用程序进行测试，并编写测试文档	1. 选择一个典型的测试文档案例，结合案例讲解软件测试方法； 2. 用软件测试的方法思路，引导学生编写测试用例； 3. 巡回指导，及时解决学生提出的问题，记录学生普遍存在的问题； 4. 程序测试无误后，安排小组成员将测试文档内容填入工作页中； 5. 对整个项目进行总体评价	1. 聆听理解软件测试方法，思考各种可能的入参，参照软件测试方法完成测试用例编写； 2. 组长组织小组成员对问题进行讨论，提出解决办法，并再次调试； 3. 程序测试无误后，将测试文档内容填入工作页中； 4. 根据老师的反馈信息，回顾整个项目	1. 教师巡回指导，及时解决学生出现的问题； 2. 教师查看学生完成的开发成果，并依据任务评价表打分，进行总体评价
	课时： 6 课时 1. 硬资源：商务软件开发学习工作站、展板、笔、A4 纸等。 2. 软资源：《软件开发基础教程》《单机软件开发》工作页、PPT 课件等			
评价反馈，交付验收	制作成果汇报 PPT	1. 介绍案例并提问：某人在进行验收测试时收受开发方贿赂，没有严格测试就签字通过验收，结果给使用方造成严重损失； 2. 教师展示汇报设计 PPT 示例，讲解 PPT 制作方式及技巧，成果汇报内容，制作的界面，设计说明等； 3. 要求学生按学号顺序上台汇报 PPT	1. 聆听案例，总结反思并回答问题； 2. 根据教师的提示制作 PPT； 3. 上台汇报 PPT	1. 教师及时反馈评价学生的口头回答，要求学生严守职业操守； 2. 教师点评 PPT 制作画面是否美观； 3. 教师点评学生陈述展示时使用的专业术语是否准确、展示时的仪态是否大方得体、语言表达是否清晰流畅
	课时： 6 课时 1. 硬资源：商务软件开发学习工作站、展板、笔、A4 纸等。 2. 软资源：《软件开发基础教程》《单机软件开发》工作页、PPT 课件等			

学习任务 2：调查问卷系统开发

任务描述

学习任务学时：66 课时

任务情境

调查问卷系统是一款功能强大的计算机辅助调查工具，用它可进行客户满意度调查、产品类别调查、访客来源调查以及客户回访等，还可以自定义调查类型。系统中的问卷内容丰富，方便用户、企业以及社会各界使用。调查问卷系统的形成是信息化互联网时代产生的结果，也是信息化互联网时代的产物。通过它，调查人员可以方便地设计各类问卷题型，如是非题、单选题、多选题、填空题、矩阵单选、矩阵多选、段落等。同时，可实时掌握调查问卷进度情况，快速完成调查分析、统计，生成调查报告等。

为了更好地发展和创建全国一流技师学院，广州市工贸技师学院决定开展一次对职业与就业相关问题的调查分析，帮助学院了解现有的教学情况与社会就业形势。由于传统的问卷调查需要耗费大量的人力、物力、财力，且效果不太明显。为此，学院希望改变传统纸张问卷形式，从节约人力、物力、财力方面着手，努力寻求一种高效先进的解决方案。

经主管部门研究讨论，决定采用现代化信息技术作为首选的解决方案，通过互联网信息系统的方式完成此次问卷调查分析，并委托学院信息服务产业系下的商务软件开发与应用专业来完成此次调查问卷系统的开发工作。

调查问卷系统的基本功能要求为面向互联网用户提供交互式的问卷调查服务，能对调查问卷的结构进行分析汇总，操作简单，具有灵活性，适用于不同的调查场合。其目的是提高调查效率，节约调查成本，及时方便处理分析调查数据。其基本功能包括创建问卷、发布问卷、回收问卷、统计分析等。

具体要求见下页。

问卷调查
问卷调查
2.节约人力

工作流程和标准

工作环节 1

获取信息

1. 从项目主管处获取需求文档，读懂需求文档，编写客户需求记录表，分析并明确功能要求，列出功能点，编写功能结构图；
2. 梳理调查问卷工作过程，绘制调查问卷业务流程图，理解并正确表述用户需求，编写需求分析规格书。

主要成果：

客户需求记录表、软件功能结构图、软件业务流程图、需求分析规格书

工作环节 2

制订计划，做出决策

1. 了解功能流程图的技术信息，根据输入输出要求，绘制功能流程图；
2. 根据客户要求进行素材收集和整理，并设计界面效果图；
3. 根据功能流程图，将操作步骤用文字表达出来，形成软件开发规格书。

主要成果：

软件功能流程图、界面效果图、软件开发规格书

工作环节 3

实施计划

1. 根据软件开发规格书设计数据库模型，并设计开发数据库；
2. 根据客户需求设计 UI，考虑布局美观，颜色搭配合理；
3. 根据软件开发规格书实施调查问卷开发工作，实现调查问卷主要功能。

主要成果：

数据库模型图、调查问卷系统程序、数据库文件

工作环节 4

过程控制

4

完成调查问卷程序开发后，对程序进行测试，并编写测试报告。

主要成果：

调查问卷软件程序、软件测试报告

工作环节 5

评价反馈，交付验收

5

经测试无误后提交调查问卷软件程序，制作成果汇报 PPT 以及软件操作手册，并上台汇报。

主要成果：

调查问卷软件程序、软件操作手册、展示文案

课程 1. 单机软件开发

学习内容

知识点	1.1 软件开发流程； 1.2 需求文档概念和内容； 1.3 需求文档内容的提取方法； 1.4 调查问卷的功能	2.1 SQL Server 数据库软件； 2.2 设计数据表结构； 2.3 用户表、问卷试题表、问卷试题选项表、问卷结果统计表、问卷填写试题选项表； 2.4 数据库字段命名
技能点	1.1 能理解需求文档的内容； 1.2 能提取需求文档的技术信息； 1.3 能分析及功能要求； 1.4 能正确表述用户需要和理解用户	2.1 使用 Xmind 绘制功能结构思维导图，使用 Visio 软件绘制业务流程图； 2.2 掌握 .NET 开发工具并利用 .NET 设计功能界面； 2.3 登录密码需要隐藏如，用 * 号代替，防止密码泄露； 2.4 掌握 ADO.NET 数据库链接并进行数据表校验； 2.5 实现数据库登录功能，实现登录成功后跳转对应用户权限界面
工作环节 	工作环节 1 获取信息	制订计划 做出决策 工作环节 2
成果	1.1 客户需求记录表，软件功能结构图； 1.1 软件业务流程图，需求分析规格书	2.1 软件功能流程图； 2.2 界面效果图； 2.3 软件开发规格书

学习任务 2：调查问卷系统开发

3.1 Visual Studio 创建窗体应用程序项目； 3.2 基于控件拖放的 UI 设计； 3.3 Button、TextBox 控件的属性	4.1 调查对象登录后，进入填写问卷界面； 4.2 给出界面样图供设计参考； 4.3 实现输出正确的题号、题目名称、题目选项； 4.4 实现单项选择和多项选择两种类型	5.1 软件黑盒测试和白盒测试
3.1 管理人员登录成功后显示主界面； 3.2 给出界面样图供设计参考； 3.3 实现正确的按钮链接功能； 3.4 实现当前用户登录信息； 3.5 实现选中一行试题，双击进入试题选项管理	4.1 调查管理人员登录进入问卷回收和统计界面； 4.2 给出界面样图供设计参考； 4.3 实现正确查询和筛选； 4.4 实现模糊查询； 4.5 实现双击可弹出调查对象的试题报表	5.1 记录反馈问题； 5.2 语言表达、演示方式、礼仪礼貌、演讲技巧； 5.3 测试软件是否存在问题； 5.4 针对问题进行修改
工作环节 3 **实施计划**	**工作环节 4** **过程控制**	**工作环节 5** **评价反馈** **交付验收**
3.1 数据库模型图、调查问卷系统程序、数据库文件	4.1 软件测试报告、调查问卷系统程序	5.1 展示文案、软件操作手册、调查问卷系统程序

课程 1. 单机软件开发

学习任务 2：调查问卷系统开发

1 获取信息 → 2 制订计划，做出决策 → 3 实施计划 → 4 过程控制 → 5 评价反馈，交付验收

阶段	工作子步骤	教师活动	学生活动	评价
获取信息	需求调研	1. 分发客户需求任务书、软件样板、客户需求记录表； 2. 收集学生提交的客户需求记录表	1. 接收客户需求任务书、软件样板、客户需求记录表； 2. 阅读客户需求任务书，通过操作软件样板，了解客户实际需求，填写并提交客户需求记录表	1. 教师及时对学生的口头回答进行反馈评价； 2. 抽查学生的学习工作页完成情况（是否按时、按质、按量完成）； 3. 学生提交的客户需求记录表与客户需求差异点
获取信息	**课时：** 3 课时 1. 硬资源：商务软件开发学习工作站、展板、笔、A4 纸等。 2. 软资源：《软件开发基础教程》《单机软件开发》工作页、PPT 课件等			
获取信息	需求分析	1. 教师分发需求分析规格书样例； 2. 教师讲解功能模块划分方法、人员组织架构划分方法、角色功能界线划分方法、业务逻辑分析； 3. 教师收集学生提交的需求分析规格书	1. 通过分析调查问卷系统的需求，梳理该系统的功能模块划分、人员组织架构划分、角色功能界线划分、业务逻辑分析； 2. 学生使用 Xmind 设计并提交软件功能结构图； 3. 学生使用 Visio 设计并提交软件业务流程图； 4. 学生设计并提交需求分析规格书	教师检查学生提交的需求分析规格书是否正确，要素是否齐全
获取信息	**课时：** 3 课时 1. 硬资源：商务软件开发学习工作站、展板、笔、A4 纸等。 2. 软资源：《软件开发基础教程》《单机软件开发》工作页、PPT 课件等			
制订计划，做出决策	1. 设计软件功能流程图； 2. 设计界面效果图； 3. 设计软件开发规格书	讲解软件功能逻辑流程详细设计方法	1. 聆听教师讲解软件功能逻辑流程详细设计方法； 2. 做好笔记； 3. 设计软件功能逻辑流程； 4. 设计并提交界面效果图； 5. 设计并提交软件开发规格书	教师点评学生提交的软件功能流程图、界面效果和软件开发规格书是否正确
制订计划，做出决策	**课时：** 18 课时 1. 硬资源：商务软件开发学习工作站、展板、笔、A4 纸等。 2. 软资源：《软件开发基础教程》《单机软件开发》工作页、PPT 课件等			

基准学时：66

1 获取信息 → 2 制订计划，做出决策 → 3 实施计划 → 4 过程控制 → 5 评价反馈，交付验收

	工作子步骤	教师活动	学生活动	评价
实施计划	1. 设计数据库模型； 2. 设计数据库； 3. 设计 UI； 4. 开发调查问卷功能； 5. 开发调查问卷结果统计功能	1. 讲解使用 Powerd Designer 设计数据库模型图的方法； 2. 讲解数据库设计方法； 3. 讲解数据库增删改查方法； 4. 讲解 Ado.net 操作数据库方法； 5. 讲解数据库聚合函数； 6. 讲解报表控件使用	1. 使用 Power Designer 设计数据库模型图； 2. 设计数据库，创建表、字段； 3. 使用 SQL Server 管理工具练习表的增删改查； 4. 创建简单项目练习 Ado.net 操作数据库； 5. 设计调查问卷系统界面； 6. 使用 Ado.net 实现调查问卷功能； 7. 练习数据库聚合函数； 8. 实现统计查询功能； 9. 实现报表功能	1. 教师及时对学生创建的项目进行反馈评价； 2. 教师点评学生完成的注释情况； 3. 教师巡堂指导，及时指出学生编码过程中遇到的问题； 4. 回答学生的疑惑点，及时给予反馈评价； 5. 巡视并指导学生完成编码，及时给予反馈评价； 6. 学生根据评价表相互评价并打分
	课时：30 课时 1. 硬资源：商务软件开发学习工作站、展板、笔、A4 纸等。 2. 软资源：《软件开发基础教程》《单机软件开发》工作页、PPT 课件等			
过程控制	完成应用程序的开发后，对应用程序进行测试，并编写测试文档	1. 结合一个典型的测试文档案例，讲解软件测试方法； 2. 用软件测试的方法思路，引导学生编写测试用例； 3. 巡回指导，及时解决学生在软件开发过程中出现的问题，记录学生普遍存在的问题； 4. 程序测试无误后，安排小组成员将测试文档内容填入工作页中； 5. 对整个项目进行总体评价	1. 聆听理解软件测试方法； 2. 思考各种可能的入参，参照软件测试方法完成测试用例编写； 3. 组长组织小组成员对问题进行讨论，提出解决办法，并再次调试； 4. 程序测试无误后，将测试文档内容填入工作页中； 5. 根据老师的反馈信息，对整个项目进行回顾	1. 教师巡回指导，及时解决学生出现的问题； 2. 教师查看学生完成的开发成果，并依据任务评价表打分，进行总体评价
	课时：6 课时 1. 硬资源：商务软件开发学习工作站、展板、笔、A4 纸等。 2. 软资源：《软件开发基础教程》《单机软件开发》工作页、PPT 课件等			

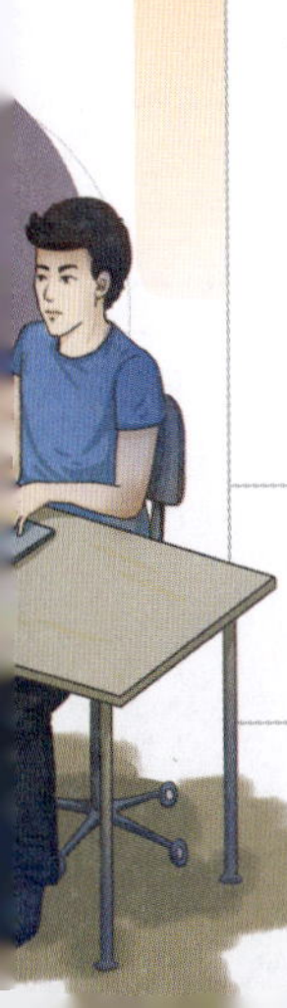

单机软件开发

课程 1. 单机软件开发

学习任务 2：调查问卷系统开发

1 获取信息 → 2 制订计划，做出决策 → 3 实施计划 → 4 过程控制 → 5 评价反馈，交付验收

	工作子步骤	教师活动	学生活动	评价
评价反馈，交付验收	作成果汇报 PPT	1. 展示汇报设计 PPT 示例，讲解 PPT 制作方式及技巧； 2. 讲解成果汇报内容，制作的界面，设计说明等； 3. 要求学生按照学号顺序上台汇报 PPT	1. 根据教师的提示制作 PPT； 2. 上台汇报 PPT	1. 教师点评 PPT 制作画面是否美观； 2. 教师点评学生陈述展示时使用的专业术语是否准确、展示时的仪态是否大方得体、语言表达是否清晰流畅

课时： 6 课时

1. 硬资源：商务软件开发学习工作站、展板、笔、A4 纸等。
2. 软资源：《软件开发基础教程》《单机软件开发》工作页、PPT 课件等

考核标准

情境描述

随着学校规模的不断扩大，学生数量急剧增加，有关学生的各种信息也成倍增加。面对巨大的信息量，需要用学生信息管理系统来提高学生管理工作的效率。某软件开发公司想要开发一套学生信息管理系统，要求具有校园特色元素，既方便学校管理部门的管理，又方便学生及时查询个人信息。

考核要点

写出开发该系统需要用到的 5 个关键技术点及相关的命令和控件。

（1）登录界面美观，设置字段验证和字段输入限制（10%）。

（2）登录密码以星号或其他形式进行保护（5%）。

（3）创建一个包含 3～5 张关联数据表的关系数据库，并正确呈现相关 ER 图（15%）。

（4）实现记录的增加、删除、修改、单表查询及多表关联查询功能（30%）。

（5）使用功能测试手段，对软件开发成果进行测试（10%）。

（6）所有交付用户的成果必须符合用户的要求（20%）。

（7）任务执行过程中体现出应有的职业素养（5%）。

（8）校园特色元素（5%）。

评分标准

具体的评分标准、子标准和评分要素及其权重将参照世界技能大赛商务软件解决方案项目评分标准设计。

过程性测评模式（30%）

1. 输出成果（70%）。

2. 平时考勤（10%）。

3. 学习态度（20%）。

说明：权值按学时比例分布。

终结性测评模式（70%）

1. 收集输出成果、评分标准。

2. 学生分工展示作品（2 人 / 组）：PPT 讲解、软件演示。

3. 企业导师提问、学生答辩、任课老师补充。

4. 统一评分：任课老师（70%）、企业导师 / 行业专家（30%）。

参与测评人员

过程性测评：任课老师。

终结性测评：任课老师、企业导师、行业专家。

参考资料

完成上述任务时，学生可以使用参考教材、以往的任务书、工作日志等参考资料。

课程 2. 数据库应用与模型设计

学习任务 1	学习任务 2
应用 UML 为车辆调度系统建模	应用数学逻辑基础设计车辆调度系统模型
（20）学时	（20）学时

课程目标

完成本工作任务后，学生应当能够利用建模语言 UML 进行面向对象的软件设计和进行 C# 应用软件开发工作，为从事软件需求分析、软件设计建模、C# 桌面软件产品设计等岗位打下基础。培养学生严谨的学习精神，锻炼他们的逻辑思维能力，通过反复实践检验追求技术创新，养成在开发过程中吃苦耐劳、崇尚实践的工作态度和科学精神。具体能力要求如下：

1. 阅读任务书，与主管、客户沟通，确认客户的软件需求和使用习惯。

2. 学习数理逻辑和集合论，为数据结构等后续工作任务提供必要的数学逻辑基础，锻炼学生观察思考能力、抽象概括能力、逻辑推理能力、数理运算能力。

3. 应用数理逻辑，通过精讲多练培养学生灵活运用知识的能力，实践操作能力。

4. 通过开发简单的车辆调度管理系统，促使学生掌握基于 UML 的开发技术，理解设计对开发的重要性，养成严谨理性的态度，能够从各个不同的角度分析系统功能、模块设计的合理性，以提升开发效率。包括以下内容：

（1）能够明白 UML 组成符号的基本意义和使用方法，包含用例图、类图、对象图、顺序图、状态图、活动图和部署图等。

（2）使用面向对象的基本概念和使用面向对象技术进行程序设计。

（3）根据任务书和用户需求的分析，进行需求建模，绘制系统的用例图和活动图。

（4）根据用例模型，进行系统架构建模，绘制系统的状态图，类图和交互图。

5. 利用 C# 语言的基本知识和编程语法，应用 C# 面向对象编程基本实现原理，包括面向对象特性：封装、继承、多态等进行面向对象程序设计。

6. 根据任务书和用户需求，客观分析软件开发任务中存在的技术关键点和难点，自行查阅参考教材或运用其他学习资源，设计解决方案，并制订安排合理，内容全面的工作进度计划。

7. 根据任务书，能独立进行软件开发成果的单元测试和功能测试，判断和排除软件存在的问题，通过理性分析和反复测试完善车辆调度管理系统功能。

8. 根据任务书，与用户沟通，完成商务软件开发工作的验收和使用培训工作，归纳总结问题解决办法，必要时向用户提供技术支持。

课时：80

学习任务 3

应用 C# 开发车辆调度系统

（40）学时

课程内容

本课程的内容包括：

1. .NET 平台软件开发、基本操作、常用功能，C# 的基本语法。

2. UML 常用建模与分析方法，如用例图、状态图等；动态建模与分析。

3. 数学逻辑基础，包括数据的基础、算法、数学逻辑思维锻炼、逻辑图结构。

学习任务 1：应用 UML 为车辆调度系统建模

任务描述

学习任务学时：20 课时

任务情境

进入 21 世纪，随着计算机技术以及通信网络的发展，现代信息技术开始越来越广泛地应用于社会工作生活中，利用计算机、网络管理和信息发布促进企业的生产经营，是社会发展的必然趋势。支持企业各级组织部门对车辆的调度保障指挥，有利于车辆使用效率的提高，保障行车安全，有效提升了企业的车辆管理水平。

以广州某有限公司（以下简称某公司）的委托任务为例，某公司车队过去主要采用调度人员人工判断方式进行管理调度，为了加强用车管理、提升用车效率、控制运输成本、优化调度管理、提升服务质量，确保车辆的良好性能，运用信息化手段来管理企业的车辆，决定开发一套系统，现根据 UML 建模及逻辑分析结果，要求用 UML 建模为软件开发的所有阶段提供模型化和可视化支持。

设计者将站在软件供应商的角度分析和整理用户的需求，对系统业务流程、功能需求等方面进行详细的需求分析及设计。作为软件开发人员，需要秉承科学严谨的态度，分析系统功能、模块设计的合理性，以提升开发效率，在规定工期内完成车辆调度系统 UML 建模。

具体要求见下页。

工作流程和标准

工作环节 1

获取任务

1

从项目主管处获取并读懂任务需求，明确客户要求，分析客户需求。

主要成果：

需求规格说明书

工作环节 2

系统设计与制订计划

2

1. 整理需求规格说明书，明确系统的功能模块；
2. 明确模块间的联系，设计业务流程图；
3. 制订开发工作进度计划；
4. 整理功能模块和核心业务流程，编制系统的详细设计说明书。

主要成果：

软件功能结构图、业务流程图、工作计划与进度表、详细设计说明书

工作环节 3

系统建模

3

运用 UML 常用的建模图例设计，建立 UML 模型，在完成设计模型的基础上，通过对 UML 建模的学习总结，突出科学严谨的工作作风的重要性。

主要成果：

UML 设计模型

工作环节 4

评价反馈

4

制作成果汇报 PPT，并交付最终成果。

主要成果：

成果汇报 PPT

课程 2. 数据库应用与模型设计

学习内容

知识点	1.1 软件需求规格说明书编写格式	2.1 车辆调度系统业务知识，功能结构图的概念、样式，功能结构图的绘制	3.1 Visio 的基本框架图知识，业务流程图的绘制知识
技能点	1.1 读懂并编写标准的软件需求规格说明书； 1.2 掌握与客户沟通的技巧	2.1 能读懂需求规格书并整理系统的功能模块； 2.2 Visio 绘图工具的使用	3.1 熟练使用 Visio 绘图工具绘制业务流程图
工作环节	工作环节 1 获取任务		系统设计与制订计划 工作环节 2
应用 UML 为车辆调度系统建模	1.1 从项目主管处获取并读懂任务需求，明确客户要求，分析客户需求	2.1 整理需求规格说明书，明确系统的功能模块	3.1 明确模块间的联系，设计业务流程图
成果	1.1 车辆调度系统建模需求规格说明书	2.1 功能结构图	3.1 用例图 (use case Diagram) 业务流程图
素养	1.1 编写标准、规范的需求规格说明书	2.1 养成良好的、职业的功能结构图绘图习惯	3.1 养成良好的、职业的业务流程图绘图习惯

系统设计一定要有严谨的态度，能够从各个不同的角度分析系统功能、模块设计的合理性，以提升开发效率。分析现有软件中的不足与有待提升之处，引导学生思考并完善程序，启发学生用软件技术满足客户需求

学习任务 1：应用 UML 为车辆调度系统建模

4.1 系统开发计划的规划与技巧知识，项目的控制与和进度理论与方法，系统开发的甘特图	5.1 详细设计说明书的业务知识，详细设计技巧	6.1 UML 建模的理论知识； 6.2 UML 建模技术的目的与原则； 6.3 UML 建模技术分类：业务建模、需求模型、设计模型、实现模型、数据库模型； 6.4 UML 建模的组成部分； 6.5 UML 建模工具，用例图、类图、对象图、顺序图、状态图、活动图的基础知识以及绘制技巧	7.1 PPT 的基本知识
4.1 对项目全过程的进度计划与控制方法进行研究与分析； 4.2 合理地安排项目工期以及工作任务分配，保证项目能够按期顺利完成	5.1 合理使用引言、程序系统组织结构、程序设计说明； 5.2 能够使用 Word 编辑车辆调度系统的详细设计规格书	6.1 能够使用 Visio、Power Design 等多种建模工具； 6.2 能够根据详细设计规格书绘制用例图、交互图、状态图、活动图	7.1 PPT 的制作方法与技巧； 7.2 强化沟通表达意识

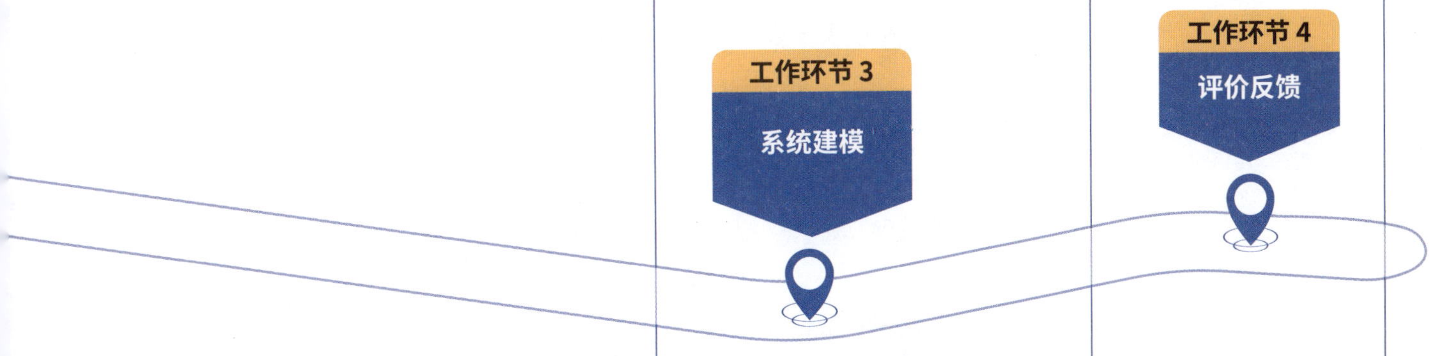

4.1 制订开发工作进度计划	5.1 整理功能模块和核心业务流程，设计系统的详细设计说明书	6.1 运用 UML 常用的建模图例设计，建立 UML 图	7.1 制作成果汇报 PPT
4.1 工作计划与进度表	5.1 详细设计说明书	6.1 UML 设计模型	7.1 成果汇报 PPT
4.1 编辑专业的工作计划表与进度表	5.1 编辑专业的车辆调度软件详细设计说明书	6.1 养成项目建模的习惯，建模标准化以及注释清晰； 6.2 各种沟通技巧以及团队合作技巧	7.1 在评价展示工作中，培养汇报撰写能力和口头表达能力

系统设计一定要有严谨的态度，能够从各个不同的角度分析系统功能、模块设计的合理性，以提升开发效率。分析现有软件中的不足与有待提升之处，引导学生思考并完善程序，启发学生用软件技术满足客户需求

数据库应用与模型设计

课程 2. 数据库应用与模型设计

学习任务 1：应用 UML 为车辆调度系统建模

1 获取任务 → 2 系统设计与制订计划 → 3 系统建模 → 4 评价展示以及反馈

	工作子步骤	教师活动	学生活动	评价
获取任务	从项目主管处获取并读懂任务需求，明确客户要求，分析客户需求	1. 组织学生阅读任务要求，提醒学生需关注的要点； 2. 用教学软件将软件样板分发到学生计算机，然后讲解《需求规格说明书》填写方法； 3. 收集学生提交的《客户需求记录表》； 4. 从收集的《需求规格说明书》中抽样进行口头点评，侧重点评学生填写的表格内容与客户实际需求的差异点	1. 阅读工作页上的任务要求根据教师要求把任务书的要点提取关键词记录在工作页； 2. 聆听教师讲解需求规格说明书填写方法，并在工作页上记录填写方法要点； 3. 执行软件样板，根据客户实际需求，填写并提交需求规格说明书； 4. 聆听教师点评，并对比自己的需求规格说明书填写情况，记录优缺点	教师抽样口头点评
获取任务	**课时：** 2 课时 1. 硬资源：商务软件开发工作站（CPU:i5 三代或以上，内存：8 G 或以上，硬盘：500 G 或以上）、纸、笔等。 2. 软资源：Office 工具软件、单数据库应用与模型设计工作页等。 3. 教学用资料：教学计算机、投影、白板、音响、话筒等			
系统设计与制订计划	1. 整理需求规格说明书，明确系统的功能模块	1. 讲授车辆调度系统功能模块； 2. 发布查询任务； 3. 讲授 Visio 工具使用技巧； 4. 发布操作任务； 5. 让学生分享操作感想； 6. 介绍功能结构图设计任务要点； 7. 提问学生掌握任务书中的要素	1. 了解车辆调度系统有哪些功能模块并记录； 2. 独立上网查找什么是功能结构图； 3. 熟悉 Visio 软件使用； 4. 用 Visio 画功能结构图； 5. 分享操作问题及思考； 6. 小组记录任务书要点； 7. 回答任务书中包含的要素	1. 教师点评：功能结构图是否描述清晰，简洁易懂； 2. 学生回答任务书中的要素，教师抽答点评
系统设计与制订计划	**课时：** 2 课时 1. 硬资源：商务软件开发工作站（CPU:i5 三代或以上，内存：8 G 或以上，硬盘：500 G 或以上）、纸、笔等。 2. 软资源：Office 工具软件、单数据库应用与模型设计工作页等。 3. 教学用资料：教学计算机、投影、白板、音响、话筒等			
系统设计与制订计划	2. 明确模块间的联系，设计业务流程图	1. 讲授车辆调度系统业务流程； 2. 发布查询任务； 3. 讲授 Visio 工具使用技巧； 4. 发布操作任务； 5. 让学生分享操作感想； 6. 介绍业务流程图设计任务要点； 7. 提问学生掌握任务书中的要素	1. 了解车辆调度系统的业务流程并记录； 2. 独立上网查找什么是业务流程图； 3. 熟悉 Visio 工具使用； 4. 用 Visio 画业务流程图； 5. 分享操作问题及思考； 6. 小组记录任务书要点； 7. 回答任务书中包含的要素	1. 教师点评：业务流程图是否描述清晰，简洁易懂； 2. 学生回答任务书中的要素，教师抽答点评
系统设计与制订计划	**课时：** 2 课时 1. 硬资源：商务软件开发工作站（CPU:i5 三代或以上，内存：8 G 或以上，硬盘：500 G 或以上）、纸、笔等。 2. 软资源：Office 工具软件、单数据库应用与模型设计工作页等。 3. 教学用资料：教学计算机、投影、白板、音响、话筒等			

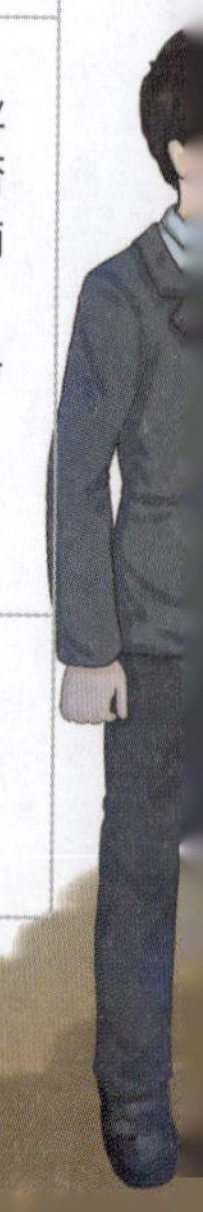

系统设计与制订计划

工作子步骤	教师活动	学生活动	评价
3. 制订开发工作进度计划	1. 讲授系统开发计划的规划与技巧； 2. 发布查询任务； 3. 讲授 Visio 工具使用技巧； 4. 发布操作任务； 5. 让学生分享操作感想； 6. 介绍甘特图设计任务要点； 7. 提问学生掌握任务书中的要素	1. 了解系统开发计划的规划与技巧； 2. 独立上网查找学习甘特图； 3. 熟悉 Visio 工具使用； 4. 用 Visio 画甘特图； 5. 分享操作问题及思考； 6. 小组记录任务书要点； 7. 回答任务书中包含的要素	1. 教师点评：甘特图是否描述清晰，简洁易懂； 2. 学生回答任务书中的要素，教师抽答点评
课时： 2 课时 1. 硬资源：商务软件开发工作站（CPU:i5 三代或以上，内存：8 G 或以上，硬盘：500 G 或以上）、纸、笔等。 2. 软资源：Office 工具软件、单数据库应用与模型设计工作页等。 3. 教学用资料：教学计算机、投影、白板、音响、话筒等			
4. 整理功能模块和核心业务流程，设计系统的详细设计说明书	1. 讲授详细设计说明书的业务知识和详细设计技巧； 2. 发布查询任务； 3. 讲授详细设计说明书编写要求； 4. 发布操作任务； 5. 让学生分享操作感想； 6. 介绍详细设计说明书要点； 7. 提问学生掌握任务书中的要素	1. 了解关于详细设计说明书的业务知识和详细设计技巧； 2. 独立上网查找详细设计说明书的模板； 3. 记录详细设计说明书具体要求； 4. 用 Word 编写详细设计说明书； 5. 分享操作问题及思考； 6. 小组记录任务书要点； 7. 回答任务书中包含的要素	1. 教师点评：详细设计说明书是否规范，符合行业标准； 2. 学生回答任务书中的要素，教师抽答点评
课时： 4 课时 1. 硬资源：商务软件开发工作站（CPU:i5 三代或以上，内存：8 G 或以上，硬盘：500 G 或以上）、纸、笔等。 2. 软资源：Office 工具软件、单数据库应用与模型设计工作页等。 3. 教学用资料：教学计算机、投影、白板、音响、话筒等			

课程 2. 数据库应用与模型设计

学习任务 1：应用 UML 为车辆调度系统建模

1 获取任务 → 2 系统设计与制订计划 → 3 系统建模 → 4 评价展示以及反馈

	工作子步骤	教师活动	学生活动	评价
系统建模	正确运用 UML 常用的建模图例设计，建立用例图、类图、对象图、顺序图、状态图、活动图和部署图等	1. 讲授 UML 建模的理论知识，介绍多种建模软件，UML 的不同版本的功能提升。分析学生熟悉的社交软件、移动支付等系统，表明随着我国软件业的发展，部分软件已经走在世界的前列。	1. 听取关于 UML 建模的理论知识，学习软件工程、UML 发展历程，培养具有包容的品格、不断进取的精神，熏陶爱国、自信精神。	1. 学生回答任务书中的要素问题，教师抽答点评。 2. 小组互评：设计模型是否标准、注释清晰。 3. 教师点评：UML 模型是否设计合理、逻辑清晰、科学严谨，能运用科学的思维方式认识事物、解决问题、指导行为
		2. 发布查询任务。	2. 独立上网查找 UML 建模的组成部分。	
		3. 讲授 Visio 工具使用技巧。	3. 熟悉 Visio 软件的使用。	
		4. 发布操作任务。	4. 用 Visio 画用例图，从参与者的需求分析，培养具有全局观、尊重团队所有的参与者的理念。	
		5. 让学生分享操作感想。	5. 分享操作问题及思考。	
		6. 介绍用例图设计任务要点，从学生熟悉的银行存取款入手，要求学生写出个人客户 10 个以上的功能需求，抽取其中的 ATM 取款，让一个学生讲解操作流程，提问：如果发生意外情况如何设计流程，让学生分析每一步主流程可能发生的意外情况，并给出其认为合适的应对与操作。	6. 小组记录任务书要点。	
		7. 介绍静态建模任务要点，以银行管理系统为例，让学生分析有哪些系统用户，包括各类客户与工作人员，同时从这些用户的需求出发，分析系统中可能出现的事物性对象，再分析在业务流程中，可能会用到的各类记录、表单等，最后分析设计过程中可能发生的概念性对象。基于这些分析，确定实体类，并明确这是系统中最重要的支撑概念，一切从系统用户的需求出发，并尊重用户的选择。	7. 用 UML 进行静态建模，培养先分析后设计的系统开发意识，为用户着想的思想。	
		8. 介绍交互图任务要点，在 ATM 取款顺序图的设计中，以时间为纵轴，分析模块中各对象之间的消息交互，明确所有功能的完成与实现必须在一定的规则下，各类角色相互配合才能完成。	8. 用 Visio 画交互图，培养社会秩序感、相互合作精神。	
		9. 介绍状态图和活动图任务要点，分析在教学管理系统中学生的状态，从录取进入系统开始，经历报到、注册、每学期的课程学习、毕业资格审核到毕业，说明每个状态都是息息相关，而且都要经过一定事件与条件才能进入下一个状态，引导学生关注每一个阶段，学习要一步一个脚印、脚踏实地做好该做的每件事情	9. 用 Visio 画状态和活动图，培养任务目标感、脚踏实地学习	

课时： 6 课时

1. 硬资源：商务软件开发工作站（CPU:i5 三代或以上，内存：8 G 或以上，硬盘：500 G 或以上）、纸、笔等。
2. 软资源：Office 工具软件、单数据库应用与模型设计工作页等。
3. 教学用资料：教学计算机、投影、白板、音响、话筒等

基准学时：20

1 获取任务 → 2 系统设计与制订计划 → 3 系统建模 → **4 评价展示以及反馈**

	工作子步骤	教师活动	学生活动	评价
评价展示以及反馈	制作成果汇报PPT，在完成UML建模的基础上，分享个人学习心得	1. 讲授PPT基础知识。 2. 发布PPT制作任务。 3. 指导成果PPT内容要点。 4. 发布PPT成果演讲要求。 5. 让学生上台汇报成果PPT及感想。 6. 总结。 7. 引导学生以小组为单位，进行建模设计过程的经验总结。教师组织学生代表分享学习心得，引导学生重视分析的科学严谨性，并在实践过程中进行验证	1. 了解关于PPT的基础知识。 2. 独立上网查找PPT模板进行制作。 3. 用Office制作成果汇报PPT。 4. 独自思考如何汇报成果。 5. 上台汇报。 6. 记录总结要点。 7. 以小组为单位，对建模设计过程的经验总结。各小组代表分享学习心得，其他学生做好记录	1. 教师点评：PPT内容是否丰富，是否有页面效果，是否具备基本的沟通表达能力。 2. 互评：PPT制作是否美观，沟通是否顺畅。 3. 通过心得分享，评价语言组织、表达能力，分享心得，突出科学严谨的精神

课时：2课时

1. 硬资源：商务软件开发工作站（CPU:i5三代或以上，内存：8 G或以上，硬盘：500 G或以上）、纸、笔等。
2. 软资源：Office工具软件、单数据库应用与模型设计工作页等。
3. 教学用资料：教学计算机、投影、白板、音响、话筒等

学习任务 2：应用数学逻辑基础设计车辆调度系统模型

任务描述

学习任务学时：20 课时

任务情境

以某公司的委托任务为例，其车队过去主要采用调度人员人工判断方式进行管理调度。为了加大信息化管理力度，加强用车管理、提升用车效率、控制节约成本、优化调度管理、提升服务质量，确保车辆的良好性能，某公司现决定开发一套系统，运用信息手段来管理企业的车辆。

设计者需运用数据库建模工具，对数据库进行快速建模，并应用数学逻辑基础，包括数据的基础、算法、数学逻辑思维锻炼、逻辑图结构等进行模型设计。

具体要求见下页。

工作流程和标准

工作环节 1

获取任务

1

从项目主管处获取并读懂任务需求，明确客户要求。

主要成果：

数据需求文档

工作环节 2

系统设计

2

依据数据需求文档，运用数学逻辑进行数据模型和逻辑设计。

主要成果：

数据字典文档

工作环节 3

创建数据库

3

1. 依据数据字典、ER 图完成数据库的创建；
2. 生成数据库脚本文件；
3. 完成数据库的分离、备份。

主要成果：

数据库文件（数据存储文件和日志文件）、数据库的备份文件（.bak 文件）、车辆调度系统的数据库脚本文件

工作环节 4

评价展示及反馈

4

制作成果汇报 PPT，并交付最终成果。

主要成果：

成果汇报 PPT

学习内容

知识点	1.1 数据需求规格书； 1.2 数据模型的概念	2.1 数据结构的概念、基础知识以及使用方法； 2.2 SQL Server 基本语法与数据库基础知识（表、字段、类型、视图、存储过程、索引、触发器等）； 2.3 E-R 关系图的理论与编辑方法； 2.4 数据字典的理论知识和设计方法； 2.5 Power Design 数据设计的理论知识和设计方法； 2.6 数据库设计技巧
技能点	1.1 调查和分析用户的业务活动及数据的使用情况； 1.2 使用数据的种类、范围、数量以及它们在业务活动中交流的传输情况； 1.3 针对用户对数据库系统的使用要求和各种约束条件，形成用户需求规格书	2.1 正确使用 SQL Server 各种版本进行数据库进行表创建、查询、删除、设计等； 2.2 能够使用 PowerDesign 数据库设计工具； 2.3 能完成车辆调度系统的 E-R 图的绘制； 2.4 完成车辆调度系统的数据库设计（数据字典）
 工作环节	工作环节 1 获取任务	系统设计 工作环节 2
应用数学逻辑基础设计车辆调度系统模型	1.1 从项目主管处获取并读懂任务需求，明确任务要求	2.1 依据数据需求文档，应用数学逻辑进行数据模型和逻辑设计
成果	1.1 车辆调度管理系统模型数据需求文档	2.1 数据字典文档
素养	1.1 标准、规范的数据需求文档编写	2.1 遵守软件开发数学设计的保密协议，遵循安全的数据库设计原则

学习任务 2：应用数学逻辑基础设计车辆调度系统模型

3.1 数据库创建的知识与方法； 3.2 数据库的备份、还原与备份知识； 3.3 数据库的脚本生成和执行； 3.4 表字段的创建、视图创建和存储过程的创建			4.1 PPT 的基本知识
3.1 使用 SQL Server 软件进行数据库表、视图、存储过程的创建； 3.2 对数据库表进行索引管理； 3.3 使用 SQL Server 软件还原、分离和备份数据库文件； 3.4 使用数据库脚本进行数据库创建			4.1 PPT 的制作方法与技巧； 4.2 强化沟通表达意识
工作环节 3 创建数据库			工作环节 4 评价展示及反馈
3.1 依据数据字典、E-R 图完成数据库的创建	3.2 生成数据库脚本文件	3.3 完成数据库的分离、备份	4.1 评价展示以及反馈
3.1 车辆调度系统的数据库文件（数据存储文件和日志文件）	3.2 车辆调度系统的数据库脚本文件	3.3 数据库的备份文件（.bak 文件）	4.1 成果汇报 PPT
3.1 遵守软件开发数学设计的保密协议，遵循安全的数据库设计原则			4.1 在评价展示工作过程中，培养汇报材料撰写能力和口头表达能力

数据库应用与模型设计

课程 2. 数据库应用与模型设计

学习任务 2：应用数学逻辑基础设计车辆调度管理系统模型

1 获取任务 → 2 系统设计 → 3 创建数据库 → 4 评价展示及反馈

	工作子步骤	教师活动	学生活动	评价
获取任务	从项目主管处获取并读懂任务需求，明确任务要求	1. 组织学生阅读工作页上的任务要求，提醒学生需关注的要点； 2. 用教学软件将软件样板分发到学生计算机，然后讲解数据需求文档填写方法； 3. 收集学生提交的数据需求文档； 4. 从收集到的数据需求文档中抽样进行口头点评，侧重点评学生填写的表格内容与客户实际需求的差异点	1. 阅读工作页上的任务要求，根据教师要求把任务书的要点提取关键词记录在工作页上； 2. 聆听教师讲解数据需求文档填写方法，并在工作页上记录填写方法要点； 3. 执行软件样板，根据客户实际需求，填写并提交数据需求文档； 4. 聆听教师点评，并对比自己的数据需求文档填写情况，记录优缺点	师评：抽样口头点评
	课时： 4 课时 1. 硬资源：商务软件开发工作站（CPU:i5 三代或以上，内存：8 G 或以上，硬盘：500 G 或以上）、纸、笔等。 2. 软资源：Office 工具软件、数据库应用与模型设计工作页等。 3. 教学设施：教学计算机、投影、白板、音响、话筒等			
系统设计	依据数据需求文档，应用数学逻辑进行数据模型和逻辑设计	1. 讲授数据结构的概念、基础知识以及使用方法； 2. 发布查询任务； 3. 讲授基本语法与数据库基础知识(表、字段、类型、视图、存储过程、索引、触发器等)； 4. 发布操作任务； 5. 讲授 E-R 关系图的理论与编辑方法； 6. 讲授数据字典的要求； 7. 发布操作任务； 8. 来回巡查指导； 9. 让学生分享操作感想； 10. 介绍数据字典设计要点； 11. 提问学生掌握任务书中的要素	1. 学习数据结构的概念、基础知识以及使用方法； 2. 独立上网查找什么是数据结构； 3. 记笔记； 4. 用 SQL Server 数据库进行数据库操作； 5. 学习 E-R 关系图的理论与编辑方法； 6. 记录要点； 7. 用 Word 设计数据字典； 8. 在设计过程中进行提问； 9. 分享操作问题及思考； 10. 小组记录任务书要点； 11. 回答任务书中包含的要素	1. 教师点评：数据字典是否描述清晰，字段类型是否有误； 2. 学生回答任务书中的要素，教师抽答点评
	课时： 4 课时 1. 硬资源：商务软件开发工作站（CPU:i5 三代或以上，内存：8 G 或以上，硬盘：500 G 或以上）、纸、笔等。 2. 软资源：Office 工具软件、数据库应用与模型设计工作页等。 3. 教学设施：教学计算机、投影、白板、音响、话筒等			

基准学时：20

1 获取任务　2 系统设计　3 创建数据库　4 评价展示及反馈

	工作子步骤	教师活动	学生活动	评价
创建数据库	依据数据字典、E-R图完成数据库的创建；生成数据库脚本文件；完成数据库的分离、备份	1. 讲授数据库创建的知识与方法； 2. 发布查询任务； 3. 讲授数据库备份的使用； 4. 发布操作任务； 5. 介绍 Power Designer 的使用方法； 6. 讲授如何导出脚本并还原数据库脚本文件； 7. 让学生分享操作感想； 8. 介绍数据库脚本要点； 9. 提问学生掌握任务书中的要素	1. 学习系统开发计划的规划与技巧知识； 2. 独立上网查数据库备份、还原有什么作用； 3. 熟悉 SQL Server 数据库备份还原具体操作； 4. 用 SQL Server 数据库进行备份、还原； 5. 记录操作要点； 6. 用 Power Designer 进行数据库设计并导出脚本文件； 7. 分享操作问题及思考； 8. 小组记录任务书要点； 9. 回答任务书中包含的要素	1. 教师点评：数据库脚本文件是否能执行成功； 2. 学生回答任务书中的要素，教师抽答点评
	课时： 8 课时 1. 硬资源：商务软件开发工作站（CPU:i5 三代或以上，内存：8 G 或以上，硬盘：500 G 或以上）、纸、笔等。 2. 软资源：Office 工具软件、数据库应用与模型设计工作页等。 3. 教学设施：教学计算机、投影、白板、音响、话筒等			
评价展示以及反馈	制作成果汇报 PPT	1. 讲授 PPT 基础知识； 2. 发布制作 PPT 任务； 3. 指导成果 PPT 内容要点； 4. 发布 PPT 成果演讲要求； 5. 让学生上台汇报成果 PPT 及感想； 6. 做总结	1. 学习关于 PPT 基础知识； 2. 独立上网查找 PPT 模板进行制作； 3. 用 Office 制作成果汇报 PPT； 4. 独自思考如何汇报成果； 5. 上台汇报； 6. 记录总结要点	1. 教师点评：PPT 内容是否丰富，是否有页面效果，是否具备基本的沟通表达能力； 2. 互评：PPT 制作是否美观，沟通是否顺畅
	课时： 4 课时 1. 硬资源：商务软件开发工作站（CPU:i5 三代或以上，内存：8 G 或以上，硬盘：500 G 或以上）、纸、笔等。 2. 软资源：Office 工具软件、数据库应用与模型设计工作页等。 3. 教学设施：教学计算机、投影、白板、音响、话筒等			

学习任务 3：应用 C# 开发车辆维修与调度系统

任务描述

学习任务学时：40 课时

任务情境

某公司车队过去主要采用调度人员人工判断方式进行管理调度。为了加大公司的信息化管理力度，该公司决定委托我校开发一套车辆调度系统，运用信息手段来管理企业的车辆，使公司车辆管理统一化、制度化，合理有效地调配和使用各种车辆，最大限度地节约成本。

具体要求见下页。

工作流程和标准

工作环节 1

获取任务

1

从项目主管处获取并读懂任务需求，明确任务要求。

主要成果：

需求规格说明书

工作环节 2

制订计划

2

制订计划与功能模块设计。

主要成果：

项目进度表、功能结构图

工作环节 3

系统设计

3

1. 业务逻辑设计：理清车辆维修系统之间的逻辑关系，完成车辆维修的业务流程；
2. 界面设计：根据功能列表完成车辆维修系统的界面设计；
3. 数据库设计。

主要成果：

业务流程图、界面设计文件、E-R 关系图、数据字典文件和数据库文件

工作环节 4

软件开发

4

应用 C# 开发车辆维修与调度系统。

主要成果：

C# 项目工程文件夹

工作环节 5

软件测试

5

对车辆维修与调度系统进行功能、逻辑、语法测试，提交软件测试报告。

主要成果：

车辆维修与调度系统测试报告文档

工作环节 6

评价展示及反馈

6

制作成果汇报 PPT，并交付最终成果。

主要成果：

成果汇报 PPT

课程 2. 数据库应用与模型设计

学习内容

知识点	1.1 软件需求规格说明书编写格式； 1.2 车辆维修的业务知识	2.1 项目的设计、开发、测试进度的控制方法，甘特图的知识与使用； 2.2 功能结构图的绘制要求； 2.3 功能列表文档的编辑要求	3.1 流程图的绘制知识； 3.2 流程图的绘制方法和技巧	4.1 界面设计的基础知识：排版、设计
技能点	1.1 读懂并编写标准的软件需求规格说明书； 1.2 从需求文档中提取功能点； 1.3 使用正确的需求调研方法	2.1 使用 Excel 绘制进度表和进度甘特图； 2.2 使用 Visio 绘制业务流程图、功能结构图； 2.3 读懂并理解软件开发需求文档，明确软件的功能模块	3.1 能够使用 Visio 绘制业务流程图、功能结构图	4.1 能够使用软件开发页面设计工具进行界面设计
工作环节	工作环节 1 获取任务	工作环节 2 制订计划		工作环节 3 系统设计
应用 C# 开发一套车辆维修与调度系统	1.1 从项目主管处获取并读懂任务需求，明确任务要求	2.1 制订计划与功能模块设计	3.1 业务逻辑设计：理清车辆维修系统之间的逻辑关系，完成车辆维修的业务流程	4.1 界面设计：根据功能列表完成“车辆维修系统”的界面设计
成果	1.1 车辆维修与调度系统需求规格说明书	2.1 项目进度表、功能结构	3.1 业务流程图	4.1 界面设计文件
素养	1.1 掌握良好的沟通技巧； 1.2 编辑规范的需求规格书	2.1 遵守软件开发行业的代码保密协议	3.1 遵守软件开发行业的代码保密协议	

学习任务 3：应用 C# 开发车辆维修与调度系统

5.1 数据库的语句、数据库的管理知识； 5.2 数据库设计工具（Power Design）	6.1 C# 语言的基本知识和编程语法； 6.2 面向对象技术进行程序设计； 6.3 C# 平台软件开发、基本操作、常用功能	7.1 软件测试的基础知识和测试方法； 7.2 测试报告的编辑方法和技巧	8.1 PPT 的基本知识
5.1 使用 SQL Server 软件完成数据库建表、视图、存储过程的设计	6.1 正确使用 C# 平台进行软件开发	7.1 独立进行软件开发成果的单元测试和功能测试，判断和排除软件存在的问题	8.1 PPT 的制作方法与技巧
	工作环节 4 软件开发	工作环节 5	工作环节 6 评价展示以及反馈
5.1 数据库设计	6.1 应用 C# 开发车辆维修与调度系统	7.1 对车辆维修与调度系统进行功能、逻辑、语法测试，提交软件测试报告	8.1 制作成果汇报 PPT
5.1 E-R 关系图、数据字典文件和数据库文件	6.1 C# 项目工程文件	7.1 车辆维修与调度系统测试报告文档	8.1 成果汇报 PPT
	6.1 遵守软件开发行业的代码保密协议； 6.2 软件开发过程正确使用注释	7.1 养成良好的测试习惯	8.1 在评价展示工作过程中，培养汇报撰写能力和口头表达能力

课程 2. 数据库应用与模型设计

学习任务 3：应用 C# 开发车辆维修与调度系统

❶ 获取任务 ❷ 制订计划 ❸ 系统设计 ❹ 软件开发 ❺ 软件测试 ❻ 评价展示及反馈

	工作子步骤	教师活动	学生活动	评价
获取任务	从项目主管处获取并读懂任务需求，明确任务要求	1. 组织学生阅读工作页上的任务要求，提醒学生需关注的要点； 2. 用教学软件将软件样板分发到学生计算机，然后讲解需求文档填写方法； 3. 收集学生提交的需求文档； 4. 从收集到的需求文档中抽样口头点评，侧重点评学生填写的表格内容与客户实际需求的差异点	1. 阅读工作页上的任务要求，根据教师要求把任务书的要点提取关键词记录在工作页； 2. 聆听教师讲解需求文档填写方法，并在工作页上记录填写方法要点； 3. 执行软件样板，根据客户实际需求，填写并提交需求文档； 4. 聆听教师点评，并对比自己的需求文档填写情况，记录优缺点	1. 老师点评学生获取需求的要点是否正确； 2. 学生自评工作页上填写内容是否正确； 3. 老师点评需求文档是否规范
	课时： 2 课时 1. 硬资源：商务软件开发工作站（CPU:i5 三代或以上，内存：8 G 或以上，硬盘：500 G 或以上）、纸、笔等。 2. 软资源：Office 工具软件、工作页等。 3. 教学设施：教学计算机、投影、白板、音响、话筒等			
制订计划	制订计划与功能模块设计	1. 讲授车辆调度系统功能模块； 2. 发布查询任务； 3. 讲授 Visio 工具使用； 4. 发布操作任务； 5. 让学生分享操作感想； 6. 介绍功能结构图设计任务要点； 7. 提问学生掌握任务书中的要素问题。	1. 学习车辆调度系统有哪些功能模块并记录； 2. 独立上网查找什么是功能结构图； 3. 熟悉 Visio 软件使用； 4. 用 Visio 画功能结构图； 5. 分享操作问题及思考； 6. 记录任务书要点； 7. 回答任务书中包含的要素。	1. 教师点评：功能结构图是否描述清晰，简洁易懂； 2. 学生回答任务书中的要素，教师抽答点评
	课时： 2 课时 1. 硬资源：商务软件开发工作站（CPU:i5 三代或以上，内存：8 G 或以上，硬盘：500 G 或以上）、纸、笔等。 2. 软资源：Office 工具软件、工作页、Visio 等。 3. 教学设施：教学计算机、投影、白板、音响、话筒等			
系统设计	1. 业务逻辑设计：理清车辆维修系统之间的逻辑关系，完成车辆维修的业务流程	1. 讲授车辆调度系统业务流； 2. 讲授 Visio 工具使用； 3. 发布操作任务； 4. 让学生分享操作感想； 5. 介绍业务流程图设计任务要点； 6. 提问学生掌握任务书中的要素	1. 学习车辆调度系统业务如何进行并记录； 2. 熟悉 Visio 工具使用； 3. 用 Visio 画业务流程图； 4. 分享操作问题及思考； 5. 记录任务书要点； 6. 回答任务书中包含的要素	1. 教师点评：业务流程图是否描述清晰，简洁易懂； 2. 学生回答任务书中的要素，教师抽答点评
	课时： 2 课时 1. 硬资源：商务软件开发工作站（CPU:i5 三代或以上，内存：8 G 或以上，硬盘：500 G 或以上）、纸、笔等。 2. 软资源：Office 工具软件、工作页、Visio 等。 3. 教学设施：教学计算机、投影、白板、音响、话筒等			

基准学时：40

1 获取任务 → 2 制订计划 → 3 系统设计 → 4 软件开发 → 5 软件测试 → 6 评价展示及反馈

	工作子步骤	教师活动	学生活动	评价
系统设计	2. 界面设计：根据功能列表完成“车辆维修系统”的界面设计	1. 讲授界面设计的基础知识：排版、设计； 2. 讲授 .NET 工具使用； 3. 发布操作任务； 4. 让学生分享操作感想； 5介绍车辆维修系统界面设计的注意事项 6. 提问学生掌握任务书中的要素问题	1. 学习界面设计的基础知识：排版、设计并记录； 2. 熟悉 .NET 工具使用； 3. 用 .NET 设计车辆维修系统界面； 4. 分享操作问题及思考； 5. 记录任务书要点； 6. 回答老师的提问：任务书中包含的要素	1. 教师点评：车辆维修系统界面设计是否合理，排版是否美观实用且人性化； 2. 学生回答任务书中的要素，教师抽答点评
	课时： 2 课时 1. 硬资源：商务软件开发工作站（CPU:i5 三代或以上，内存：8 G 或以上，硬盘：500 G 或以上）、纸、笔等。 2. 软资源：Office 工具软件、单数据库应用与模型设计工作页、Visio 等。 3. 教学设施：教学计算机、投影、白板、音响、话筒等			
	3. 数据库设计	1. 讲授数据结构的概念、基础知识以及使用方法； 2. 发布查询任务； 3. 讲授基本语法与数据库基础知识（表、字段、类型、视图、存储过程、索引、触发器等）； 4. 发布操作任务； 5. 讲授 ER 关系图的理论与编辑方法； 6. 讲授数据字典要求； 7. 发布操作任务； 8. 巡查指导； 9. 让学生分享操作感想； 10. 介绍数据字典设计要点； 11. 提问学生掌握任务书中的要素问题	1. 学习数据结构的概念、基础知识以及使用方法； 2. 独立上网查找什么是数据结构； 3. 记笔记； 4. 用 SQL Server 数据库进行数据库操作； 5. 学习 ER 关系图的理论与编辑方法； 6. 记录要点； 7. 用 Word 来设计数据字典； 8. 在设计过程中提问； 9. 分享操作问题及思考； 10. 记录任务书要点； 11. 回答任务书中包含的要素	1. 教师点评：数据字典是否描述清晰，字段类型是否有误； 2. 学生回答任务书中的要素，教师抽答点评
	课时： 4 课时 1. 硬资源：商务软件开发工作站（CPU:i5 三代或以上，内存：8 G 或以上，硬盘：500 G 或以上）、纸、笔等。 2. 软资源：Office 工具软件、工作页、Visio、Power Design 和 SQL Server 等。 3. 教学设施：教学计算机、投影、白板、音响、话筒等			
软件开发	应用 C# 开发车辆维修与调度系统	1. 讲授 C# 语言的基本知识和编程语法、面向对象技术进行程序设计、面向对象技术进行程序设计； 2. 发布查询任务； 3. 讲授 C# 平台软件开发、基本操作、常用功能； 4. 发布操作任务； 5. 巡查指导； 6. 让学生分享操作感想； 7. 介绍车辆维修与调度系统业务逻辑； 8. 提问学生掌握任务书中的要素	1. 学习 C# 语言的基本知识和编程语法、面向对象技术进行程序设；计、面向对象技术进行程序设计 2. 独立上网查找 C# 编写规范； 3. 记笔记； 4. 用 C# 平台软件进行车辆维修与调度系统的开发（主界面、部门信息维护功能、车辆类型数据维护功能、修理厂信息数据维护功能等）； 5. 发现问题并提出问题； 6. 分享操作问题及思考； 7. 记录任务书要点； 8. 回答任务书中包含的要素	1. 教师点评：是否按照任务书功能要求进行开发； 2. 学生回答任务书中的要素，教师抽答点评
	课时： 20 课时 1. 硬资源：商务软件开发工作站（CPU:i5 三代或以上，内存：8 G 或以上，硬盘：500 G 或以上）、纸、笔等。 2. 软资源：Office 工具软件、工作页、VEclipse 开发套件 SQL Server(最新版本) 等。 3. 教学设施：教学计算机、投影、白板、音响、话筒等			

学习任务 3：应用 C# 开发车辆维修与调度系统 基准学时：40

1 获取任务 → 2 制订计划 → 3 系统设计 → 4 软件开发 → 5 软件测试 → 6 评价展示及反馈

	工作子步骤	教师活动	学生活动	评价
软件测试	对车辆维修与调度系统进行功能、逻辑、语法测试，提交软件测试报告	1. 讲授软件测试的基础知识和测试方法； 2. 发布查询任务； 3. 讲授测试报告的编辑方法和技巧； 4. 发布测试任务； 5. 巡查指导； 6. 让学生排查 bug 并修改完善系统； 7. 介绍测试过程中需要注意的问题及要求； 8. 提问学生掌握任务书中的要素	1. 学习软件测试的基础知识和测试方法； 2. 独立上网查找软件测试的方法； 3. 记笔记； 4. 使用测试工具对自己开发的软件进行功能测试并修改完善测试中出现的问题； 5. 发现问题并提出问题； 6. 排查 bug 并修改完善系统； 7. 记录要点； 8. 回答任务书中包含的要素	1. 教师点评：是否能独立进行软件开发成果的单元测试和功能测试，判断和排除软件存在的问题； 2. 学生回答任务书中的要素，教师抽答点评
	课时： 4 课时 1. 硬资源：商务软件开发工作站（CPU:i5 三代或以上，内存：8G 或以上，硬盘：500G 或以上）、纸、笔等。 2. 软资源：Office 工具软件、工作页、Visio 等。 3. 教学设施：教学计算机、投影、白板、音响、话筒等			
评价展示以及反馈	制作成果汇报 PPT	1. 讲授 PPT 基础知识； 2. 发布制作 PPT 任务； 3. 指导成果 PPT 内容要点； 4. 发布 PPT 成果演讲要求； 5. 让学生上台汇报成果 PPT 及感想； 6. 教师做总结	1. 听讲关于 PPT 基础知识； 2. 独立上网查找 PPT 模板进行制作； 3. 用 Office 制作成功汇报 PPT； 4. 独自思考如何汇报成果； 5. 上台汇报； 6. 记录总结要点	1. 教师点评：PPT 内容是否丰富，是否有页面效果，是否具备基本的沟通表达能力； 2. 互评：PPT 制作是否美观，沟通是否顺畅
	课时： 4 课时 1. 硬资源：商务软件开发工作站（CPU:i5 三代或以上，内存：8 G 或以上，硬盘：500 G 或以上）、纸、笔等。 2. 软资源：Office 工具软件、工作页等。 3. 教学设施：教学计算机、投影、白板、音响、话筒等			

考核标准

情境描述

完整的车辆调度管理系统可以集车辆管理、申请用车、调度审批、回车登记等功能于一体，可随时查看调度历史，统计派车次数、部门用车次数等情况。现请你为针对上述应用场景进行较完整的软件模型设计，并基于 C# 开发一个单机版的申请用车记录管理功能模块，实现工作人员对申请人的用车申请记录的管理功能，记录的增加、删除、修改、查询、报表生成和打印功能。

数据库包括车辆管理、调度管理、基本信息三大部分。

（1）车辆管理包括车辆登记、车辆状态示意图、车辆查看、车辆维修、车辆年检提醒等功能；

（2）调度管理包括申请用车、调度审批、派车登记、回车登记、打印派车单、调度历史查询、派车次数统计、部门用车次数统计等功能；

（3）基本信息包括车型、燃料、部门、车辆颜色、人员信息、系统提醒等功能。

考核要点

（1）调研、理解并确认用户的需求，编写软件需求分析说明书（5%）。

（2）根据用户需求，设计 UML 模型图，包括用例图、类图、对象图、顺序图、状态图和活动图（20%）。

（3）数据建模，完成数据模型设计以及数据库设计（15%）。

（4）根据用户需求设计功能界面（10%）。

（5）使用 C# 编程语言以及对应开发工具，完成商务软件开发任务；（30%）。

（6）正确地使用单元测试及功能测试手段，对软件开发成果进行测试；（10%）。

（7）遵守企业代码编写规范（5%）。

（8）吃苦耐劳的工作态度和严谨细致的思维方式（5%）。

评分标准

具体的评分标准、子标准和评分要素及其权重参照世界技能大赛商务软件解决方案项目评分标准设计。

过程性测评模式（30%）

1. 输出成果（70%）。

2. 平时考勤（10%）。

3. 学习态度（20%）。

说明：权值按学时比例分布。

终结性测评模式（70%）

1. 收集输出成果、评分标准。

2. 学生分工展示作品（2 人 / 组）：PPT 讲解、软件演示。

3. 企业导师提问、学生答辩、任课老师补充。

4. 统一评分：任课老师（70%）、企业导师 / 行业专家（30%）。

参与测评人员

过程性测评：任课老师。

终结性测评：任课老师、企业导师、行业专家。

参考资料

完成上述任务时，学生可以使用参考教材、以往的任务书、工作日志等参考资料。

课程 3.CS 软件开发

学习任务 1

开发基于 .NET 平台的简单客户关系管理软件（CRM）

（90）学时

学习任务 2

设计客户关系管理软件的测试方案

（30）学时

课程目标

学习完本课程后，学生应当能够胜任服务端 / 客户端商务软件开发工作，能按照行业规范实施编码；能严格执行企业管理制度、遵守网络安全规定、网络数据产权和 8S 管理规定；培养规则意识、技术运用等职业意识，养成良好的职业素养。具体目标如下。

1. 能与主管沟通，阅读任务书，并与用户沟通，确认用户的软件开发需求，形成客户需求至上的职业意识。

2. 能够根据任务书和用户需求，对系统进行开发分析，自行查阅参考教材或运用其他学习资源，设计解决方案，完成功能分析并制定合理、内容全面的工作进度计划。

3. 能够正确运用 C# 编程语言、SQL Server 数据库基本操作方法、PowerDesign 等工具完成对象数据库的建立、数据建模、框架搭建及功能开发，形成自觉遵守职业规范的习惯。

4. 能根据任务书，独立进行软件开发成果的单元测试和功能测试，判断和修改软件存在的问题。

5. 能根据任务书，与用户沟通，完成系统商务软件开发工作的验收和使用培训工作，总结归纳问题解决办法，必要时向用户提供技术答疑。

6. 能遵守软件开发企业和用户企业的相关规定，保护用户企业的商业机密等。

课时：120

课程内容

本课程的学习内容包括：

1. 商务软件的功能概要设计说明、数据字典和数据库设计。

2. 报表的多条件组合查询、统计和图形化呈现。

3. 网络软件架构，C/S 网络架构的建立。

4. 系统测试计划、测试方案以及测试报告的编写。

学习任务 1：开发基于 .NET 平台的简单客户关系管理软件 (CRM)

任务描述

学习任务学时：90 课时

任务情境

客户端 / 服务器系统 （Client/Server System，C/S 系统），是一类按新的应用模式运行的分布式计算机系统。在 C/S 系统中，能为应用提供服务（如文件服务、打印服务、拷贝服务、图像服务、通信管理服务等）的计算机或处理器，当其被请求服务时就成为服务器。与服务器相对，提出服务请求的计算机或处理器在当时就是客户机。C/S 系统已广泛用于中小型工商企业，机关等部门。

商务软件开发人员应能够胜任独立完成 C/S 模式的软件开发工作，根据客户端 / 服务器的系统开发要求，开发人员应具备较为完善的 .NET 和 C# 应用开发技术，具有较强的分析能力和商务系统设计能力，能够系统地完成项目分析与设计、开发、实施、管理与维护的任务。

商务软件开发人员从主管处领取任务书，与主管、客户沟通确定功能需求，制订系统项目计划，运用 C# 语言及 SQL Server 数据库的基本操作完成整个系统的开发。

作业过程中，应遵守软件开发企业及用户企业的相关规定，同时在软件设计和开发的过程中，按照软件开发行业的标准完成工作，尽可能地方便客户使用。

开发项目实施中要严格遵守行业编码规范（养成程序员需要具备的职业素养中的规则意识，熟悉职业相关法律法规、坚守职业操守等）；运用所学知识技能模拟解决实际生活、工作问题，具备程序员岗位职责中实践创新的素养（技术运用）。

具体要求见下页。

CS 软件开发

工作流程和标准

工作环节 1

获取需求

1

从项目主管处获取开发“简单客户关系管理软件”功能任务，读懂需求文档，明确功能要求，列出功能点，编写“简单客户关系管理软件”系统功能列表文档。

成果：功能列表文档

主要成果: 客户明确任务表(客户个人信息,工作时间,工作要求)

工作环节 2

系统设计

2

1. 了解业务流程图的技术信息,根据输入、输出要求,绘制业务流程图。
2. 运用所学的知识及经验，完善并设计出符合客户要求的酒店管理系统数据库。
3. 根据所编写的数据字典来创建数据表，编码过程中遵守 SQL Server 开发规范（规则意识）。

主要成果：

业务流程图、酒店管理系统数据库字典、SQL Server 数据库文件

工作环节 3

功能实现

3

首先创建项目工程文件，然后根据开发需求分析界面元素的控件类型，再按照 C# 开发规范（规则意识）编写代码，达到运用技术解决生活生产问题（技术运用）的目的。

1. 实现系统登录注册功能。
2. 实现基础资料模块开发。
3. 实现营销管理模块开发。
4. 实现客户管理模块开发。

主要成果：

登录注册功能执行文件和程序、基础资料功能执行文件和程序、营销管理功能执行文件和程序、客户管理功能执行文件和程序

工作环节 4

评价展示

4

完成系统的开发后，对应用系统进行测试，经测试无误后提交程序，并制作成果汇报 PPT，展示功能效果，考查学生技术运用成果；在展示源代码过程中考查代码的规范性及学生是否具备规则意识（编码规范）。

主要成果：

成果汇报 PPT

课程 3.CS 软件开发

学习内容

知识点	1.1 软件开发流程； 1.2 需求文档概念和内容； 1.3 需求文档内容的提取方法	2.1 结构图的概念、标准符号解析； 2.2 结构图的绘制方法	3.1 数据库创建的知识与方法； 3.2 表字段的创建、视图创建和存储过程的创建； 3.3 数据库字段命名要符合行业规范； 3.4 数据库的脚本生成； 3.5 数据库的脚本执行； 3.6 SQL Server 编码规范	4.1 登录界面设计； 4.2 界面的美观友好、功能的人性化； 4.3 用户输入登录 ID 和登录密码的文本框； 4.4 登录窗体没有最大化、最小化和关闭按钮； 4.5 登录失败超过 3 次提示用户
技能点	1.1 能从需求文档中提取功能点； 1.2 制作功能列表文档	2.1 绘制客户关系管理业务流程图； 2.2 创建客户关系管理数据字典	3.1 创建客户关系管理软件数据库； 3.2 创建客户关系管理软件数据表； 3.3 符合数据库开发规范	4.1 用户和密码输入框校验； 4.2 登录、退出与数据库配置； 4.3 WinForm 布局合理； 4.4 密码非明文显示
 工作环节	工作环节 1 获取需求		系统设计 工作环节 2	
成果	1.1 功能列表文档	2.1 业务流程图	3.1 数据库和数据表	4.1 登录功能
素养		反复强化编码规范，树立编码规范意识（遵守规则意识）		

学习任务 1：开发基于 .NET 平台的简单客户关系管理软件（CRM）

5.1 语言的基本知识和编程语法； 5.2 面向对象技术进行程序设计； 5.3 .Net 平台软件开发	6.1 .Net 平台基本操作、常用功能； 6.2 UI 设计； 6.3 多表关联	7.1 视图的创建、修改、删除以及使用方法； 7.2 Insert 、Update、Delete 基本语法	8.1 软件测试方法
5.1 用户注册； 5.2 密码修改； 5.3 产品管理； 5.4 库存管理	6.1 创建营销机会； 6.2 客户开发计划； 6.3 客户信息管理； 6.4 客户流失管理	7.1 客户服务管理； 7.2 客户贡献分析； 7.3 客户构成分析； 7.4 客户流失分析	8.1 PPT 的制作方法与技巧； 8.2 强化沟通表达意识
工作环节 3 功能实现			评价展示 工作环节 4
5.1 基础资料模块开发	6.1 营销管理模块开发	7.1 客户管理模块开发	8.1 成果汇报 PPT
树立规范意识			
实现客户关系管理功能，引导学生树立技术运用意识			

教学活动

课程 3.CS 软件开发

学习任务 1：开发基于 .NET 平台的简单客户关系管理软件（CRM）

❶ 获取需求 → ❷ 系统设计 → ❸ 功能实现 → ❹ 评价展示

获取任务

工作子步骤	教师活动	学生活动	评价
1. 从项目主管处获取开发客户关系管理软件模块功能任务，读懂需求文档	1. PPT 展示、讲解学习任务描述； 2. 引导问题：接到任务后，该怎么完成呢？鼓励学生回答，并对答案给予评价； 3.PPT 展示软件开发流程，引入软件开发的第一步工作是获取需求，演示讲解项目主管提供的需求文档，引导学生阅读、理解需求文档； 4. 布置任务：填写工作页中“需求文档理解”，对应评价表抽查学生的学习工作页完成情况	1. 观看、聆听、明确学习任务； 2. 头脑风暴，结合生活经验，思考、回答老师提出的问题； 3. 聆听老师的讲解，理解需求文档的技术信息； 4. 回答学习工作页中有关需求文档方面的问题，根据教师的评价反馈，及时更改	1. 教师对学生的口头答案进行及时反馈评价； 2. 抽查学生的学习工作页完成情况（是否按时、按质、按量完成）
课时： 2 课时 1. 硬资源：商务软件开发学习工作站、展板、笔、A4 纸等。 2. 软资源：《CRM 业务流程资料》《C# 高级编程（第 9 版）》《客户端服务器商务软件系统开发》工作页、PPT 课件等			
2. 读懂需求文档，明确功能要求，列出功能点，编写客户关系管理软件系统功能列表文档	1. 情境导入：某企业为了轻松管理企业的销售和市场，更好地维系客户关系，有效缩短销售周期，帮助企业获得更好的效益，决定开发一套系统，将市场活动、线索、商业机会、销售跟踪和预测等进行有机整合，还可以对销售业绩，销售财务进行一些统计，运行系统，引导学生观察系统演示； 2. 发放项目需求文档给学生，引导学生阅读需求文档； 3. 讲解演示功能列表文档的编写要求（行业规范、核心内容等）； 4. 引导学生把握功能列表文档的重点内容； 5. 布置任务：填写学习工作页（功能列表文档部分）	1. 观看系统演示效果； 2. 获取项目需求文档，在老师的引导下阅读需求文档； 3. 跟着老师的思维，理解、体会功能点的提取方法； 4. 学习功能列表文档的编写要求； 5. 根据对系统运行的初步感受，在老师的指导下完成学习工作页（功能列表文档部分）的填写	教师检查学生完成的功能列表文档是否准确，要素是否齐全（输入、输出、业务逻辑）
课时： 2 课时 1. 硬资源：商务软件开发学习工作站、展板、笔、A4 纸等。 2. 软资源：《CRM 业务流程资料》《C# 高级编程（第 9 版）》《客户端服务器商务软件系统开发》工作页、PPT 课件等			

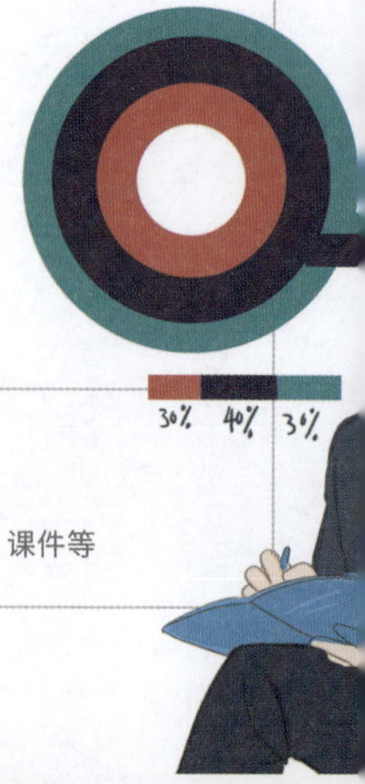

1 获取需求　2 系统设计　3 功能实现　4 评价展示

系统设计

工作子步骤	教师活动	学生活动	评价
1. 了解业务流程图的技术信息，根据输入、输出要求，绘制业务流程图	1. 用 PPT 课件展示问题，引导学生抢答流程图的概念、作用、标准符号等问题； 2. 引导学生进行项目业务流程分析，并将分析结果板书展示； 3. 指导学生在 A4 纸上绘制业务流程图，并填写工作页(业务流程图部分)	1. 明确"业务流程图"的编写要求； 2. 跟随教师进行项目业务流程分析，讨论出分析结果； 3. 以小组为单位讨论、编写业务流程图	1. 教师通过提问判断学生是否掌握流程图的概念、作用、标准符号等信息； 2. 教师点评学生编写的业务流程图是否准确（标准符号是否正确使用、业务逻辑是否合理）
课时： 2 课时 1. 硬资源：商务软件开发学习工作站、展板、笔、A4 纸等。 2. 软资源：《CRM 业务流程资料》《C# 高级编程（第 9 版）》《客户端服务器商务软件系统开发》工作页、PPT 课件等			
2. 运用所学的知识及经验，完善并设计出符合客户要求的生产制造管理系统数据库	1. 组织学生阅读工作页上的任务要求，提醒学生需关注的要点； 2. 讲解数据结构的概念、基础知识以及使用方法； 3. 发布任务，完善数据库设计并编写数据库字典； 4. 抽样对收集到的数据库字典进行口头点评，侧重点评学生填写的内容是否符合规范	1. 阅读工作页上的任务要求，根据教师要求提取任务书的要点关键词； 2. 聆听教师讲解数据结构的概念、基础知识以及使用方法，并做笔记； 3. 思考如何完善数据库，填写并提交数据库字典； 4. 聆听教师点评，并对比自己的数据库字典，记录优缺点	1. 教师点评：数据库字典是否完整，是否合理； 2. 学生回答任务书中的要素，教师抽答点评
课时： 2 课时 1. 硬资源：商务软件开发学习工作站、展板、笔、A4 纸等。 2. 软资源：《CRM 业务流程资料》《C# 高级编程（第 9 版）》《客户端服务器商务软件系统开发》工作页、PPT 课件等			
3. 根据所编写的数据字典创建数据表	1. 讲解演示 C# 软件开发规范手册的用法，结合手册，讲解开发工程师职业素养中的规则意识，熟悉职业相关法律法规、坚守职业操守，查看手册按照行业规范编码； 2. 讲授数据库创建的知识与方法； 3. 发布查询任务； 4. 讲授数据库备份的使用技巧； 5. 发布操作任务； 6. 介绍表字段的创建、视图创建和存储过程的创建； 7. 讲授如何导出脚本并还原数据库脚本文件； 8. 让学生分享创建数据库的操作感想； 9. 介绍数据库脚本要点； 10. 提问学生掌握任务书中的要素	1. 学习软件开发工程师需要具备的职业素养中的规则意识，熟悉职业相关法律法规、坚守职业操守（决不能运用技术害人违法），具备对生活、工作中规则的遵守意识； 2. 学习数据库创建的知识与方法； 3. 独立上网查数据库脚本生成和执行的意义、运用场合； 4. 打开 SQL Server 数据库进行脚本生成和执行具体操作； 5. 用 SQL Server 数据库进行备份、还原； 6. 记录表字段的创建、视图创建和存储过程的创建掉要点，SQL Server 语句语法； 7. 用 Power Designer 进行数据库设计并导出脚本文件； 8. 分享操作问题及思考； 9. 小组记录要点； 10. 回答任务书中包含的要素	1. 教师点评：数据库脚本文件是否能执行成功，是否遇到执行失败的问题，如何来解决？ 2. 学生回答任务书中的要素问题，教师抽答点评； 3. 教师巡查过程中检查是否查看软件开发规范手册； 4. 关注学生是否按照手册规范进行编码（培养学生的规则意识）； 5. 查看源代码，考查规范编码的规则意识
课时： 4 课时 1. 硬资源：商务软件开发学习工作站、展板、笔、A4 纸等。 2. 软资源：《CRM 业务流程资料》《C# 高级编程（第 9 版）》《客户端服务器商务软件系统开发》工作页、PPT 课件等			

CS 软件开发

课程 3.CS 软件开发

学习任务 1：开发基于 .NET 平台的简单客户关系管理软件（CRM）

1 获取需求 → 2 系统设计 → 3 功能实现 → 4 评价展示

功能实现

工作子步骤	教师活动	学生活动	评价
1. 实现系统登录功能	1. 讲授界面设计的基础知识：排版、设计； 2. 讲授 .NET 工具使用； 3. 发布操作任务； 4. 让学生各自分享操作感想； 5. 介绍登录界面必须符合的要求； 6. 介绍登录功能必须符合的要求； 7. 提问学生掌握任务书中的要素； 8. 让学生展示自己的系统并点评	1. 学习登录界面设计的基础知识：排版、设计并记录； 2. 熟悉 .NET 工具使用； 3. 用 .NET 设计登录界面； 4. 分享操作问题及思考； 5. 记录要点并检查自己设计的界面是否符合要求； 6. 根据任务书的要求，开发登录模块功能； 7. 回答任务书中的要素； 8. 学生展示自己的登录界面，并记录教师提出的建议	1. 教师点评：登录界面是否合理，排版是否美观实用且人性化； 2. 登录功能是否能实现； 3. 学生回答任务书中的要素，教师抽答点评
课时： 10 课时 1. 硬资源：商务软件开发学习工作站、展板、笔、A4 纸等。 2. 软资源：《CRM 业务流程资料》《C# 高级编程（第 9 版）》《客户端服务器商务软件系统开发》工作页、PPT 课件等			
2. 实现基础资料模块开发	1. 讲授基础资料管理包含的功能模块； 2. 讲授基础资料管理里新的控件的使用； 3. 发布操作任务； 4. 讲授基础资料管理包含的功能模块里的用户注册的业务逻辑； 5. 介绍用户注册的功能要求； 6. 发布操作任务； 7. 巡查指导； 8. 讲授基础资料管理包含的功能模块里密码修改的业务逻辑； 9. 介绍密码修改的功能要求； 10. 发布操作任务； 11. 来回巡查指导； 12. 讲授基础资料管理包含的功能模块里产品管理的业务逻辑； 13. 介绍产品管理的功能要求； 14. 发布操作任务； 15. 巡查指导； 16. 讲授基础资料管理包含的功能模块里库存管理的业务逻辑； 17. 介绍库存管理的功能要求； 18. 发布操作任务； 19. 巡查指导； 20. 让学生展示自己的系统并点评	1. 学习基础资料管理包含的功能模块，并在 A4 纸上画出大概功能结构图； 2. 熟悉基础资料管理里新的控件的使用； 3. 用 .NET 设计基础资料管理界面； 4. 学习基础资料管理里的用户注册的业务逻辑，并在 A4 纸上画出大概业务逻辑图； 5. 记录要点并思考如何完成； 6. 根据任务书的要求，开发用户注册模块功能； 7. 完成过程中可提问； 8. 学习基础资料管理里的密码修改的业务逻辑，并在 A4 纸上画出大概业务逻辑图； 9. 记录要点并思考如何完成； 10. 根据任务书的要求，开发密码修改模块功能； 11. 完成过程中可提问； 12. 学习基础资料管理里的产品管理的业务逻辑，并在 A4 纸上画出大概业务逻辑图； 13. 记录要点并思考如何完成； 14. 根据任务书的要求，开发产品管理模块功能； 15. 完成过程中可提问； 16. 学习基础资料管理里的库存管理的业务逻辑，并在 A4 纸上画出大概业务逻辑图； 17. 记录要点并思考如何完成； 18. 根据任务书的要求，开发库存管理模块功能； 19. 完成过程中可提问； 20. 展示自己的界面，并记录教师提出的建议	1. 教师点评：基础资料管理设计是否合理，功能是否实用且人性化； 2. 能否实现基础资料管理，新增删除修改查询基本的功能操作； 3. 学生回答任务书中的要素，教师抽答点评
课时： 22 课时 1. 硬资源：商务软件开发学习工作站、展板、笔、A4 纸等。 2. 软资源：《CRM 业务流程资料》《C# 高级编程（第 9 版）》《客户端服务器商务软件系统开发》工作页、PPT 课件等			

① 获取需求　② 系统设计　③ 功能实现　④ 评价展示

工作子步骤	教师活动	学生活动	评价
3. 实现营销管理模块开发	1. 讲授营销管理包含的功能模块； 2. 讲授营销管理里新的控件的使用； 3. 发布操作任务； 4. 讲授营销管理包含的功能模块里的创建营销机会的业务逻辑； 5. 介绍创建营销机会的功能要求； 6. 发布操作任务； 7. 巡查指导； 8. 讲授营销管理包含的功能模块里客户开发计划的业务逻辑； 9. 介绍客户开发计划的功能要求； 10. 发布操作任务； 11. 巡查指导； 12. 讲授营销管理包含的功能模块里的客户流失管理的业务逻辑； 13. 介绍客户流失管理的功能要求； 14. 发布操作任务； 15. 巡查指导； 16. 让学生展示自己的系统并点评	1. 学习营销管理包含的功能模块，并在 A4 纸上画出大概功能结构图； 2. 熟悉基础资料管理里新的控件的使用； 3. 学生用 .NET 设计营销管理界面； 4. 学习营销管理里的创建营销机会的业务逻辑，并在 A4 纸上画出大概业务逻辑图； 5. 记录要点并思考如何完成任务； 6. 根据任务书的要求，开发创建营销机会模块功能； 7. 完成过程中可提问； 8. 学习营销管理里的客户开发计划的业务逻辑，并在 A4 纸上画出大概业务逻辑图； 9. 记录要点并思考如何完成任务； 10. 根据任务书的要求，开发客户开发计划模块功能； 11. 完成过程中可提问； 12. 学习营销管理里的客户流失管理的业务逻辑，并在 A4 纸上画出大概业务逻辑图； 13. 记录要点并思考如何完成任务； 14. 根据任务书的要求，开发客户流失管理模块功能； 15. 完成过程中可提问； 16. 展示自己的界面，并记录教师提出的建议	1. 教师点评：营销管理设计是否合理，功能是否实用且人性化； 2. 能否实现营销管理，新增删除修改查询基本的功能操作； 3. 学生回答任务书中的要素问题，教师抽答点评

课时： 20 课时

1. 硬资源：商务软件开发学习工作站、展板、笔、A4 纸等。
2. 软资源：《CRM 业务流程资料》《C# 高级编程（第 9 版）》《客户端服务器商务软件系统开发》工作页、PPT 课件等

教学活动

课程 3.CS 软件开发

学习任务 1：开发基于 .NET 平台的简单客户关系管理软件（CRM）

1 获取需求 → 2 系统设计 → **3 功能实现** → 4 评价展示

功能实现

工作子步骤	教师活动	学生活动	评价
4. 实现客户管理模块开发	1. 任务说明：每位同学必须能够根据前期训练获取的知识技能、规则意识（编码规范），自觉按照规范完成任务，并按时上交成果（责任担当）； 2. 讲授客户管理包含的功能模块； 3. 讲授客户管理里新的控件的使用； 4. 发布操作任务； 5. 讲授客户管理包含的功能模块里的客户服务管理的业务逻辑； 6. 介绍客户服务管理的功能要求； 7. 发布操作任务； 8. 来回巡查指导； 9. 讲授客户管理包含的功能模块里的客户贡献分析的业务逻辑； 10. 介绍客户贡献分析的功能要求； 11. 发布操作任务； 12. 巡查指导； 13. 讲授客户管理包含的功能模块里的客户构成分析的业务逻辑； 14. 介绍客户构成分析的功能要求； 15. 发布操作任务； 16. 巡查指导； 17. 讲授客户管理包含的功能模块里的客户流失分析的业务逻辑； 18. 介绍客户流失分析的功能要求； 19. 发布操作任务； 20. 巡查指导； 21. 让学生展示自己的系统并点评	1. 运用前期训练获取的知识技能、规则意识（编码规范），能自觉按照规范完成任务，并按时上交成果（责任担当）； 2. 学习客户管理包含的功能模块，并在 A4 纸上画出大概功能结构图； 3. 熟悉基础资料管理里新的控件的使用； 4. 学生用 .NET 设计基础资料管理界面； 5. 学习客户管理里的客户服务管理的业务逻辑，并在 A4 纸上画出大概业务逻辑图； 6. 记录要点并思考如何完成任务； 7. 根据任务书的要求，开发客户服务管理模块功能； 8. 完成过程中可提问； 9. 学习客户管理里的客户贡献分析的业务逻辑，并在 A4 纸上画出大概业务逻辑图； 10. 记录要点并思考如何完成任务； 11. 根据任务书的要求，开发客户贡献分析模块功能； 12. 学生完成过程中可提问； 13. 学习客户管理里的客户构成分析的业务逻辑，并在 A4 纸上画出大概业务逻辑图； 14. 记录要点并思考如何完成任务； 15. 根据任务书的要求，开发客户构成分析模块功能； 16. 完成过程中可提问； 17. 学习客户管理里的客户流失分析的业务逻辑，并在 A4 纸上画出大概业务逻辑图； 18. 记录要点并思考如何完成任务； 19. 根据任务书的要求，开发客户流失分析模块功能； 20. 完成过程中可提问； 21. 展示自己的界面，并记录教师提出的建议	1. 教师点评：客户管理设计是否合理，功能是否实用且人性化； 2. 能否实现客户管理，新增删除修改查询基本的功能操作； 3. 学生回答任务书中的要素问题，教师抽答并点评； 4. 教师巡查指导过程中关注学生编码是否规范（出现不规范，及时指导）； 5. 观察学生学习进度（出现掉队的，及时指导）

课时： 22 课时

1. 硬资源：商务软件开发学习工作站、展板、笔、A4 纸等。
2. 软资源：《CRM 业务流程资料》《C# 高级编程（第 9 版）》《客户端服务器商务软件系统开发》工作页、PPT 课件等

1 获取需求　2 系统设计　3 功能实现　4 评价展示

评价展示

工作子步骤	教师活动	学生活动	评价
制作成果汇报 PPT	1. 展示汇报设计 PPT 示例，讲解 PPT 制作方式及技巧；讲解成果汇报内容，制作的界面，设计说明等； 2. 展示源代码，查看编码规范性；然后引导各小组展示分享学业成果； 3. 安排学生按照学号顺序上台汇报 PPT	1. 明确作品展示要求，在老师指导下，展示并讲解作品的创新点、结合软件开发规范编码手册展示并讲述源代码规范性的具体体现； 2. 根据教师的提示制作 PPT； 3. 上台汇报 PPT	1. 教师点评 PPT 制作画面是否美观； 2. 教师点评学生陈述展示时使用的专业术语是否准确、展示时的仪态是否大方得体、语言表达是否清晰流畅； 3. 在展示源代码过程中考查代码的规范与是否具备规则意识（编码规范）

课时： 4 课时
1. 硬资源：商务软件开发学习工作站、展板、笔、A4 纸等。
2. 软资源：《CRM 业务流程资料》《C# 高级编程（第 9 版）》《客户端服务器商务软件系统开发》工作页、PPT 课件等

CS 软件开发

学习任务 2：设计客户关系管理软件的测试方案

任务描述

学习任务学时：30 课时

任务情境

某企业为了更好地管理企业的销售和市场，维护客户关系，缩短销售周期，帮助企业获得更显著的效益，决定开发一套客户关系管理系统，将市场活动、线索、商业机会、销售跟踪和预测等进行有机整合，还可以统计销售业绩，销售财务。该系统用于管理与客户相关的信息与活动，前期已开发完成信息查询功能、库存数据查询功能、历史订单查询功能，后续将运用单元测试及功能测试等基础软件测试手段对软件开发成果进行质量检验，最后制作软件功能和使用方法简介，连同软件一同交付客户。

具体要求见下页。

CS 软件开发

工作流程和标准

工作环节 1

获取需求

1

从项目主管处获取开发“客户关系管理软件”模块功能任务，读懂需求文档，明确功能要求，列出功能点，编写“客户关系管理软件”系统测试列表文档。

主要成果：

测试列表文档

工作环节 2

编写测试计划

2

了解软件测试的流程，根据输入输出要求，编写软件测试计划。

主要成果：

软件测试计划

工作环节 3

编写测试方案

3

运用所学的知识，编写出客户关系管理系统的测试用例和测试方案。

主要成果：

测试用例和测试方案

学习任务 2：设计客户关系管理软件测试方案

工作环节 4

实施测试

4

根据测试方案，使用测试用例对客户关系管理系统进行测试。

主要成果：

客户关系管理系统测试报告文档

工作环节 5

评价展示

5

制作成果展示 PPT，并上台汇报。

主要成果：

成果汇报 PPT

课程 3.CS 软件开发

学习内容

知识点	1.1 软件测试流程； 1.2 需求文档概念和内容； 1.3 需求文档内容的提取方法	2.1 软件质量与软件测试； 2.2 软件测试与质量保证； 2.3 软件测试目的
技能点	1.1 能从需求文档中提取功能点； 1.2 制作功能列表文档	2.1 测试设计说明； 2.2 评价准则
工作环节	工作环节 1 获取需求	编写测试计划 工作环节 2
成果	1.1 功能列表文档	2.1 测试计划

学习任务 2：设计客户关系管理软件的测试方案

3.1 软件测试原则； 3.2 软件测试对象； 3.3 软件测试过程模型——V 模型； 3.4 软件测试过程模型——W 模型； 3.5 软件测试过程模型——H 模型	4.1 测试的方法和技巧； 4.2 黑盒测试； 4.3 白盒测试	
3.1 编写客户关系管理软件测试用例； 3.1 编写客户关系管理软件测试方案	4.1 记录测试结果； 4.2 编写客户关系管理软件测试报告	5.1 PPT 的制作方法与技巧； 5.2 强化沟通表达意识
工作环节 3 编写测试方案	实施测试 工作环节 4	工作环节 5 评价展示
3.1 测试用例和测试方案	4.1 测试报告	5.1 成果汇报 PPT

课程 3.CS 软件开发

学习任务 2：设计客户关系管理软件测试方案

1 获取需求 → 2 编写测试计划 → 3 编写测试方案 → 4 实施测试 → 5 评价展示

获取需求

工作子步骤	教师活动	学生活动	评价
1. 从项目主管处获取开发“客户关系管理软件”模块功能任务，读懂需求文档	1. PPT 展示、讲解学习任务描述； 2. 引导问题：该怎么完成本任务呢？鼓励学生回答，并对回答的答案给予评价； 3. PPT 展示软件开发流程，引入软件开发的第一步工作是获取需求，演示讲解项目主管提供的需求文档，引导学生阅读、理解需求文档； 4. 布置任务：填写工作页中“需求文档理解”，对应评价表抽查学生的学习工作页完成情况	1. 观看、聆听、明确学习任务； 2. 头脑风暴，结合生活经验，思考、回答老师提出的问题； 3. 聆听老师的讲解，理解需求文档的技术信息； 4. 回答学习工作页中有关需求文档方面的问题，根据教师的评价反馈，及时更改	1. 教师及时对学生的口头答案进行反馈评价； 2. 抽查学生的学习工作页完成情况（是否按时、按质、按量完成）
课时： 2 课时 1. 硬资源：商务软件开发学习工作站、展板、笔、A4 纸等。 2. 软资源：《CRM 业务流程资料》《C# 高级编程（第 9 版）》《客户端服务器商务软件系统开发》工作页、PPT 课件等			
2. 读懂需求文档，明确功能要求，列出功能点，编写“客户关系管理软件”系统测试列表文档	1. 情境导入：客户关系管理系统用于管理与客户相关的信息与活动，本系统产品的信息查询功能、库存数据查询功能、历史订单查询功能已经开发完成，运用单元测试及功能测试等基础软件测试手段对软件开发成果进行质量检验，最后制作软件功能和使用方法的简介，连同软件一同交付客户； 2. 发放项目需求文档，引导学生阅读需求文档； 3. 讲解演示“功能列表文档”的编写要求（行业规范、核心内容等）； 4. 引导学生把握功能列表文档的重点内容； 5. 布置任务：填写学习工作页（测试列表文档部分）	1. 观看、聆听、明确学习任务； 2. 获取项目需求文档，在教师的引导下阅读需求文档； 3. 跟着教师的思维，理解、体会功能点的提取方法； 4. 学习功能列表文档的编写要求； 5. 根据对系统运行的初步感受，在教师的指导下完成学习工作页（测试列表文档部分）的填写	教师检查学生完成的测试列表文档是否准确，要素是否齐全（输入、输出、业务逻辑）
课时： 2 课时 1. 硬资源：商务软件开发学习工作站、展板、笔、A4 纸等。 2. 软资源：《CRM 业务流程资料》《C# 高级编程（第 9 版）》《客户端服务器商务软件系统开发》工作页、PPT 课件等			

基准学时：30

1 获取需求 → 2 编写测试计划 → 3 编写测试方案 → 4 实施测试 → 5 评价展示

	工作子步骤	教师活动	学生活动	评价
编写测试计划	了解软件测试的流程，根据输入、输出要求，编写软件测试计划	1.PPT 课件展示问题，引导学生抢答软件测试计划的概念、作用、流程等问题； 2. 引导学生进行软件测试分析，并将分析结果板书展示； 3. 指导学生填写工作页（软件测试计划部分）	1. 明确“软件测试计划”的编写要求； 2. 跟随教师进行软件测试分析，讨论出分析结果； 3. 以小组为单位讨论、编写软件测试计划	1. 教师通过提问判断学生是否掌握软件测试计划的概念、作用、流程等信息； 2. 教师点评学生编写的软件测试计划是否准确（标准是否正确使用、业务逻辑是否合理）
	课时： 4 课时 1. 硬资源：商务软件开发学习工作站、展板、笔、A4 纸等。 2. 软资源：《CRM 业务流程资料》《C# 高级编程（第 9 版）》《客户端服务器商务软件系统开发》工作页、PPT 课件等			
编写测试方案	运用所学的知识及经验，编写出客户关系管理系统的测试用例和测试方案	1. 组织学生阅读工作页上的任务要求，提醒学生需关注的要点； 2. 讲解软件测试方案的概念、基础知识以及设计方法； 3. 发布任务，编写测试用例并完成测试方案； 4. 从收集到的测试方案中抽样口头点评，侧重点评学生填写的内容是否符合规范	1. 阅读工作页上的任务要求根据教师要求把任务书的要点提取关键词； 2. 聆听教师讲解软件测试方案的概念、基础知识以及设计方法，并做笔记； 3. 思考如何编写测试用例，填写并提交测试方案； 4. 聆听教师点评,并对比自己的测试方案，分析优缺点	1. 教师点评：测试方案是否完整，是否合理； 2. 学生回答任务书中的要素问题，教师抽答点评
	课时： 14 课时 1. 硬资源：商务软件开发学习工作站、展板、笔、A4 纸等。 2. 软资源：《CRM 业务流程资料》《C# 高级编程（第 9 版）》《客户端服务器商务软件系统开发》工作页、PPT 课件等			

课程 3.CS 软件开发

学习任务 2：设计客户关系管理软件测试方案　　基准学时：3

1 获取需求　2 编写测试计划　3 编写测试方案　4 实施测试　5 评价展示

	工作子步骤	教师活动	学生活动	评价
实施测试	对客户关系管理系统进行测试	1. 讲授软件测试的基础知识和测试方法; 2. 发布查询任务; 3. 讲授测试报告的编辑方法和技巧; 4. 发布测试任务; 5. 巡查指导; 6. 让学生排查 bug 并修改完善系统; 7. 介绍测试过程中需要注意的问题及要求; 8. 提问学生掌握任务书中的要素	1. 学习软件测试的基础知识和测试方法; 2. 独立上网查找软件测试方法; 3. 记笔记; 4. 使用测试工具对自己开发的软件进行功能测试并修改测试中出现的问题; 5. 发现问题并进行提问; 6. 排查 bug 并修改完善系统; 7. 记录要点; 8. 回答任务书中包含的要素	1. 教师点评：学生是否能独立进行软件开发成果的单元测试和功能测试，判断和排除软件存在的问题; 2. 学生回答任务书中的要素，教师抽答点评
	课时： 4 课时 1. 硬资源：商务软件开发学习工作站、展板、笔、A4 纸等。 2. 软资源：《CRM 业务流程资料》《C# 高级编程（第 9 版）》《客户端服务器商务软件系统开发》工作页、PPT 课件等			
评价展示	制作成果汇报 PPT	1. 展示汇报设计 PPT 示例，讲解 PPT 制作方式及技巧；讲解成果汇报内容，制作的界面，设计说明等; 2. 安排学生按顺序上台汇报 PPT	1. 根据教师的提示点制作 PPT; 2. 上台汇报 PPT	1. 教师点评 PPT 制作画面是否美观; 2. 教师点评学生陈述展示时使用的专业术语是否准确、展示时的仪态是否大方得体、语言表达是否清晰流畅
	课时： 4 课时 1. 硬资源：商务软件开发学习工作站、展板、笔、A4 纸等。 2. 软资源：《CRM 业务流程资料》《C# 高级编程（第 9 版）》《客户端服务器商务软件系统开发》工作页、PPT 课件等			

考核标准

任务描述

某公司为了积累客户资料和进行销售人员的管理，传递优秀销售经验，并规范企业流程，特请你为该公司开发一套客户关系管理系统，实现员工权限的分配，在客户端可进行客户信息和销售信息的录入，进行客户概况分析、利润情况分析等，并能生成和打印报表。

考核要点

写出开发该系统需要用到的 5 个关键技术点及其相关的命令和控件

（1）提供完整数据库文件、数据字典和功能概要设计（10%）。

（2）完整实现客户端、服务端的架构（30%）。

（3）系统能使用组合条件查询数据（10%）。

（4）系统能完成数据分析与统计报表，要求有图形化呈现（10%）。

（5）有良好的代码编写规范，符合行业标准（5%）。

（6）根据测试方案，对软件开发成果进行测试（10%）。

（7）所有交付用户的成果必须符合用户的要求（30%）。

（8）任务过程中体现职业素养（5%）。

评分标准

具体的评分标准、子标准和评分要素及其权重参照世界技能大赛商务软件解决方案项目评分标准设计。

过程性测评模式（30%）

1. 输出成果（70%）。
2. 平时考勤（10%）。
3. 学习态度（20%）。

说明：权值按学时比例分布。

终结性测评模式（70%）

1. 收集输出成果、评分标准。
2. 学生个人展示作品：PPT 讲解、软件演示。
3. 任课老师提问、学生答辩。
4. 统一评分：任课老师（100%）。

参与测评人员

过程性测评：任课老师。

终结性测评：任课老师。

参考资料

完成上述任务时，学生可以使用参考教材、以往的任务书、工作日志等参考资料。

课程 4. 数据结构应用

学习任务 1		学习任务 2
运用 .NET 开发简单的教学排课系统	→	优化并完善教学排课系统
(40）学时		(40）学时

课程目标

通过本学习任务培养软件工程能力、软件测试能力、项目管理能力及良好的沟通能力和团队协作能力，在完成软件开发项目中不断磨炼意志，做到踏实肯干、克服困难，不断进步。完成本学习任务后，学生应具备一定的数学逻辑运算能力，能胜任较复杂的商务软件开发工作，能在后续课程软件技术专业综合实训、顶岗实习以及毕业设计中有规范的软件开发和管理能力，为担任软件编码、测试和软件产品支持工程师等软件相关职业角色打下良好的能力和知识基础。具体要求如下。

1. 能理解原理，掌握方法，熟练应用；能创造性地应用各种数据结构和算法，设计性能优，效率高，可读性强，易维护的程序；能通过解决实际问题，提高学生的学习能力，探索研究能力。

2. 能独立进行 UML 动态建模与系统分析。

3. 能正确应用线性表等数据结构建模。

4. 能运用 C# 开发语言以及其开发平台完成商务软件开发。

5. 能根据任务书和用户需求，客观分析软件开发任务中存在的技术关键点和难点，自行查阅参考资料或运用其他学习资源，设计解决方案，并制订安排合理、内容全面的工作进度计划。

6. 根据任务书，能独立进行软件开发成果的单元测试和功能测试，判断和排除软件存在的问题，掌握软件工程思维方式，通过软件测试方法发现问题并修改程序。

7. 能编写完整的用户使用说明书。

8. 能明确表达和描述所开发软件的实施流程及使用步骤。

课时：80

课程内容

本课程的学习内容包括：

1.C# 应用开发，.NET 的类库包，C# 的异常处理。

2. 商务应用系统开发的构建及高级应用。

3. 数据结构 “线性表”(包括顺序表和链表实现)、堆栈、队列、二叉树、图。

4. 数据结构建模。

5. 软件设计（包括业务需求的沟通，功能模块的详细设计）。

6.C#、J2EE、Hibernate 等流行技术的学习，掌握常用开发工具如 IDE、HTML、CSS 等脚本语言。

7. 系统测试和 BUG 修改。

8.Web 服务器使用及管理。

9. 关键信息搜索技巧。

学习任务 1：运用 .NET 开发简单的教学排课系统

任务描述

学习任务学时：40 课时

任务情境

前面的课程学习了应用 .NET 的高级工具和类库、数据结构的算法和 UML 模型开发商务软件，如车辆调度系统、教学排课系统。为了解决每个学期排课工作头绪多、任务繁重的问题，广州市工贸技师学院决定自行开发一套教学排课系统。该系统具有储存过往课程表记录、实时生成课程表、按条件导出或打印课程表等功能。通过使用该系统，管理人员可以快速、合理地完成课程编排，避免课程冲突。

商务开发人员从主管处领取任务书，制订开发计划，运用 C# 开发语言及 SQL Server 数据库的基本操作完成较复杂商务软件的开发，最后通过测试，按照项目时间要求经过答疑、培训，交付成果给用户。

商务开发人员必须能熟练应用 UML 建模工具，应用数据结构设计商务软件模型，掌握 .NET 的常用类库以及各种高级工具、掌握商务软件开发的核心业务流程以及算法，根据模型进行商务软件开发以及各种配套文档（需求文档、操作手册）的编辑。

软件设计和开发的过程中，应遵守软件开发企业及用户企业的相关规定，应按照软件开发行业的标准完成工作，尽可能地方便客户使用。

具体要求见下页。

工作流程和标准

工作环节 1

获取需求

1

从项目主管处获取开发“教学排课系统”模块功能任务，读懂需求文档内容，明确功能要求，列出功能点，编写“教学排课系统”系统功能列表文档。

主要成果：

功能列表文档

工作环节 2

系统设计

2

1. 了解业务流程图的技术信息，根据输入、输出要求，绘制业务流程图。
2. 运用所学的知识及经验，完善并设计出符合客户要求的教学排课系统数据库。
3. 根据所编写的数据字典来创建数据表。

主要成果：

业务流程图、教学排课系统数据库字典、SQL Server 数据库文件

工作环节 3

功能实现

3

1. 实现系统登录注册功能。
2. 实现用户管理模块开发。
3. 实现系统设置模块开发。
4. 实现教学排课模块开发。

主要成果：

登录注册功能执行文件和程序、用户管理功能执行文件和程序、系统设置管理功能执行文件和程序、教学排课功能执行文件和程序

工作环节 4

软件测试

4

完成系统的开发后，对应用系统进行测试，并编写测试文档。

主要成果：

功能测试文档

工作环节 5

评价展示

5

制作成果汇报 PPT

主要成果：

成果汇报 PPT

课程 4. 数据结构应用

学习内容

	1	2	3	4
知识点	1.1 软件开发流程； 1.2 需求文档概念和内容； 1.3 需求文档内容的提取方法	2.1 流程图的概念、标准符号解析； 2.2 流程图的绘制方法	3.1 数据库创建的知识与方法； 3.2 表字段的创建、视图创建和存储过程的创建； 3.3 数据库字段命名要符合行业规范； 3.4 数据库的脚本生成； 3.5 数据库的脚本执行	4.1 登录、注册界面设计； 4.2 界面美观友好、功能人性化； 4.3 用户输入登录 ID 和登录密码的文本框； 4.4 登录窗体没有最大化、最小化和关闭按钮； 4.5 登录失败超过三次提示用户
技能点	1.1 能从需求文档中提取功能点； 1.2 制作功能列表文档	2.1 能绘制教学排课工作流程图	3.1 创建教学排课管理软件数据库； 3.2 创建教学排课管理软件数据表	4.1 用户和密码输入框校验； 4.2 登录、退出与数据库配置； 4.3 WinForm 布局合理； 4.4 密码非明文显示
工作环节	工作环节 1 获取需求		系统设计 工作环节 2	
成果	1.1 功能列表文档	2.1 业务流程图	3.1 数据库和数据表	4.1 登录注册功能

学习任务 1：运用 .NET 开发简单的教学排课系统

5.1 语言的基本知识和编程语法； 5.2 面向对象技术进行程序设计； 5.3 .NET 平台软件开发	6.1 .NET 平台基本操作、常用功能； 6.2 UI 设计； 6.3 多表关联	7.1 视图的创建、修改、删除以及使用方法； 7.2 Insert 、Update、Delete 基本语法	8.1 测试的方法和技巧； 8.2 测试文档的编写方法； 8.3 黑盒测试； 8.4 白盒测试	9.1 PPT 的制作方法与技巧； 9.2 强化沟通表达意识
5.1 查看用户信息业务逻辑； 5.2 修改用户信息业务逻辑； 5.3 重置用户密码业务逻辑； 5.4 配置用户权限业务逻辑	6.1 系别资料管理业务逻辑； 6.2 专业资料管理业务逻辑； 6.3 年级班级资料管理业务逻辑； 6.4 课程资料管理业务逻辑	7.1 教师资料管理业务逻辑； 7.2 教师任课设置业务逻辑	8.1 编写教学排课管理软件测试文档； 8.2 软件测试及纠错	9.1 根据软件成果制作 PPT； 9.2 介绍软件界面及主要功能； 9.3 操作演示软件

5.1 用户管理模块开发	6.1 系统设置模块开发	7.1 教学排课模块开发	8.1 功能测试文档	9.1 成果汇报 PPT

数据结构应用

教学活动

课程 4. 数据结构应用

学习任务 1：运用 .NET 开发简单的教学排课系统

1 获取需求 → 2 系统设计 → 3 功能实现 → 4 软件测试 → 5 评价展示

获取需求

工作子步骤	教师活动	学生活动	评价
1. 从项目主管处获取开发“教学排课系统”模块功能任务，读懂需求文档	1. PPT 展示、讲解学习任务描述； 2. 引导问题：该怎么完成任务？鼓励学生回答，并对其答案给予评价； 3.PPT 展示软件开发流程，引入软件开发的第一步工作是获取需求。演示讲解项目主管提供的需求文档，引导学生阅读、理解需求文档； 4. 布置任务：填写工作页中“需求文档理解”，对应评价表抽查学生的学习工作页完成情况	1. 观看、聆听、明确学习任务； 2. 头脑风暴，结合生活经验，思考、回答老师提出的口头问题； 3. 聆听教师的讲解，理解需求文档的技术信息； 4. 回答学习工作页中有关需求文档方面的问题，根据教师的评价反馈，及时更改	1. 教师对学生的口头答案进行及时反馈评价； 2. 抽查学生的学习工作页完成情况（是否按时、按质、按量完成）
课时： 2 课时 1. 硬资源：商务软件开发学习工作站、展板、笔、A4 纸等。 2. 软资源：《排课业务流程资料》《C# 高级编程（第 9 版）》《数据结构应用》工作页、PPT 课件等			
2. 读懂需求文档，明确功能要求，列出功能点，编写“教学排课系统”系统功能列表文档	1. 情境导入：为了解决每个学期排课工作头绪多、任务繁重的问题，学校决定自行开发一套教学排课系统。该系统具有储存过往课程表记录、实时生成课程表、按条件导出或打印课程表等功能。通过使用该系统，管理人员可以快速、合理地完成所有课程编排，避免课程冲突。运行系统，引导学生观察系统演示； 2. 发放项目需求文档，引导学生阅读； 3. 讲解演示“功能列表文档”的编写要求（行业规范、核心内容等）； 4. 引导学生把握功能列表文档的重点内容； 5. 布置任务：填写学习工作页（功能列表文档部分）	1. 观看系统演示效果； 2. 获取项目需求文档并在教师的引导下阅读需求文档； 3. 跟着教师的思维，理解、体会功能点的提取方法； 4. 学习功能列表文档的编写要求； 5. 根据对系统运行的初步感受，在教师的指导下完成学习工作页（功能列表文档部分）的填写	教师检查学生完成的功能列表文档是否准确，要素是否齐全（输入、输出、业务逻辑）
课时： 2 课时 1. 硬资源：商务软件开发学习工作站、展板、笔、A4 纸等。 2. 软资源：《排课业务流程资料》《C# 高级编程（第 9 版）》《数据结构应用》工作页、PPT 课件等			

基准学时：40

1 获取需求　2 系统设计　3 功能实现　4 软件测试　5 评价展示

系统设计

工作子步骤	教师活动	学生活动	评价
1. 了解业务流程图的技术信息，根据输入、输出要求，绘制业务流程图	1.PPT 课件展示问题，引导学生抢答流程图的概念、作用、标准符号等问题； 2. 引导学生进行项目业务流程分析，并将分析结果板书展示； 3. 指导学生在 A4 纸上绘制业务流程图，并填写工作页（业务流程图部分）	1. 明确“业务流程图”的编写要求； 2. 跟随教师进行项目业务流程分析，讨论出分析结果； 3. 以小组为单位，讨论、编写业务流程图	1. 教师通过提问判断学生是否掌握流程图的概念、作用、标准符号等信息； 2. 教师点评学生编写的业务流程图是否准确（标准符号是否正确使用、业务逻辑是否合理）
课时： 1 课时 1. 硬资源：商务软件开发学习工作站、展板、笔、A4 纸等。 2. 软资源：《排课业务流程资料》《C# 高级编程（第 9 版）》《数据结构应用》工作页、PPT 课件等			
2. 运用所学的知识及经验，完善并设计出符合客户要求的教学排课系统数据库	1. 组织学生阅读工作页上的任务要求，提醒学生需关注的要点； 2. 讲解数据结构的概念、基础知识以及使用方法； 3. 发布任务，完善数据库设计并编写数据库字典； 4. 从收集到的数据库字典中抽样口头点评，侧重点评学生填写的内容是否符合规范	1. 阅读工作页上的任务要求，根据教师要求提取任务书的要点和关键词； 2. 聆听教师讲解数据结构的概念、基础知识以及使用方法，并做笔记； 3. 思考如何完善数据库，填写并提交数据库字典； 4. 学生聆听教师点评，并对比自己的数据典，分析并记录优缺点	1. 教师点评：数据库字典是否完整，是否合理； 2. 学生回答任务书中的要素问题，教师抽答点评
课时： 1 课时 1. 硬资源：商务软件开发学习工作站、展板、笔、A4 纸等。 2. 软资源：《排课业务流程资料》《C# 高级编程（第 9 版）》《数据结构应用》工作页、PPT 课件等			

课程 4. 数据结构应用

学习任务 1：运用 .NET 开发简单的教学排课系统

1 获取需求 → 2 系统设计 → 3 功能实现 → 4 软件测试 → 5 评价展示

	工作子步骤	教师活动	学生活动	评价
系统设计	3. 根据所编写的数据字典来创建数据表	1. 讲授数据库创建的知识与方法； 2. 发布查询任务； 3. 讲授数据库备份的使用； 4. 发布操作任务； 5. 介绍表字段的创建、视图创建和存储过程的创建； 6. 讲授如何导出脚本并还原数据库脚本文件； 7. 让学生分享创建数据库的操作感想； 8. 介绍数据库脚本要点； 9. 提问学生掌握任务书中的要素	1. 学习数据库创建的知识与方法； 2. 独立上网查数据库脚本生成和执行的意义，运用场合； 3. 打开 SQL Server 数据库进行脚本生成和执行具体操作； 4. 用 SQL Server 数据库进行备份、还原； 5. 记录表字段的创建、视图创建和存储过程的创建掉要点,SQL Server 语句语法； 6. 用 Power Designer 进行数据库设计并导出脚本文件； 7. 分享操作问题及思考； 8. 小组记录要点； 9. 回答任务书中包含的要素	1. 教师点评：数据库脚本文件是否能执行成功，是否遇到执行失败的问题，如何来解决； 2. 学生回答任务书中的要素问题，教师抽答点评
	课时： 2 课时 1. 硬资源：商务软件开发学习工作站、展板、笔、A4 纸等。 2. 软资源：《排课业务流程资料》《C# 高级编程（第 9 版）》《数据结构应用》工作页、PPT 课件等			
功能实现	1. 实现系统登录注册功能	1. 讲授界面设计的基础知识：排版、设计； 2. 讲授 .NET 工具使用； 3. 发布操作任务； 4. 让学生分享操作感想； 5. 介绍登录注册界面必须符合的要求； 6. 介绍登录注册功能必须符合的要求； 7. 提问学生掌握任务书中的要素问题； 8. 让学生展示自己的系统并点评	1. 学习登录注册界面设计的基础知识排版、设计并记录； 2. 熟悉 .NET 工具使用； 3. 用 .NET 设计登录注册功能设计界面； 4. 分享操作问题及思考； 5. 记录要点并检查自己设计的界面是否符合要求； 6. 根据任务书的要求，开发登录注册模块功能； 7. 回答任务书中包含的要素； 8. 展示自己的登录注册界面，并记录教师提出的建议	1. 教师点评：登录注册界面是否合理，排版是否美观实用且人性化； 2. 功能是否能实现登录注册； 3. 学生回答任务书中包含的要素，教师抽答点评
	课时： 4 课时 1. 硬资源：商务软件开发学习工作站、展板、笔、A4 纸等。 2. 软资源：《排课业务流程资料》《C# 高级编程（第 9 版）》《数据结构应用》工作页、PPT 课件等			

功能实现

工作子步骤	教师活动	学生活动	评价
2. 实现用户管理模块开发	1. 讲授用户管理包含的功能模块； 2. 讲授用户管理里新控件的使用方法； 3. 发布操作任务； 4. 讲授用户管理包含的功能模块里的查看用户的业务逻辑； 5. 介绍查看用户的功能要求； 6. 发布操作任务； 7. 巡查指导； 8. 讲授用户管理包含的功能模块里的修改用户的业务逻辑； 9. 介绍修改用户的功能要求； 10. 发布操作任务； 11. 巡查指导； 12. 讲授用户管理包含的功能模块里的重置密码的业务逻辑； 13. 介绍重置密码的功能要求； 14. 发布操作任务； 15. 巡查指导； 16. 讲授用户管理包含的功能模块里的配置权限的业务逻辑； 17. 介绍配置权限的功能要求； 18. 发布操作任务； 19. 巡查指导； 20. 让学生展示自己的系统并点评	1. 学习用户管理包含的功能模块，并在 A4 纸上画出大概功能结构图； 2. 熟悉用户管理里新的控件的使用； 3. 学生用 .NET 设计用户管理界面； 4. 学习用户管理里的查看用户的业务逻辑，并在 A4 纸上画出大概业务逻辑图； 5. 记录要点并思考如何完成； 6. 根据任务书的要求，开发查看用户模块功能； 7. 完成过程中可提问； 8. 学习用户管理里的修改用户的业务逻辑，并在 A4 纸上画出大概业务逻辑图； 9. 记录要点并思考如何完成； 10. 根据任务书的要求，开发修改用户模块功能； 11. 完成过程中可提问； 12. 学习用户管理里的重置密码的业务逻辑，并在 A4 纸上画出大概业务逻辑图； 13. 记录要点并思考如何完成； 14. 根据任务书的要求，开发重置密码模块功能； 15. 完成过程中可提问； 16. 听讲用户管理里的配置权限的业务逻辑，并在 A4 纸上画出大概业务逻辑图； 17. 记录要点并思考如何完成； 18. 根据任务书的要求，开发配置权限模块功能； 19. 完成过程中可提问； 20. 展示自己的界面，并记录教师提出的建议	1 教师点评：用户信息管理设计是否合理，功能是否实用且人性化； 2. 能否实现用户管理事件，新增删除修改查询基本的功能操作； 3. 学生回答任务书中包含的要素，教师抽答点评
课时： 8 课时 1. 硬资源：商务软件开发学习工作站、展板、笔、A4 纸等。 2. 软资源：《排课业务流程资料》《C# 高级编程（第 9 版）》《数据结构应用》工作页、PPT 课件等			
3. 实现系统设置模块开发	1. 讲授系统设置管理包含的功能模块； 2. 讲授系统设置管理里新控件的使用方法； 3. 发布操作任务； 4. 讲授系统设置管理包含的功能模块里的系别资料的业务逻辑； 5. 介绍系别资料的功能要求；	1. 学习系统设置管理包含的功能模块，并在 A4 纸上画出大概功能结构图； 2. 熟悉基础资料管理里新的控件的使用； 3. 用 .NET 设计基础资料管理界面； 4. 学习系统设置管理里的系别资料的业务逻辑，并在 A4 纸上画出大概业务逻辑图； 5. 记录要点并思考如何完成；	1. 教师点评：系统设置管理设计是否合理，功能是否实用且人性化；

课程 4. 数据结构应用

学习任务 1：运用 .NET 开发简单的教学排课系统

1 获取需求 → 2 系统设计 → **3 功能实现** → 4 软件测试 → 5 评价展示

功能实现

工作子步骤	教师活动	学生活动	评价
3. 实现系统设置模块开发	6. 发布操作任务； 7. 巡查指导； 8. 讲授系统设置管理包含的功能模块里的专业资料的业务逻辑； 9. 介绍专业资料的功能要求； 10. 发布操作任务； 11. 巡查指导； 12. 讲授系统设置管理包含的功能模块里的年级班级资料的业务逻辑； 13. 介绍年级班级资料的功能要求； 14. 发布操作任务； 15. 巡查指导； 16. 讲授系统设置管理包含的功能模块里的课程资料的业务逻辑； 17. 介绍课程资料的功能要求； 18. 发布操作任务； 19. 巡查指导； 20. 让学生展示自己的系统并点评	6. 根据任务书的要求，开发系别资料模块功能； 7. 完成过程中可提问； 8. 学习系统设置管理里的专业资料的业务逻辑，并在 A4 纸上画出大概业务逻辑图； 9. 记录要点并思考如何完成； 10. 根据任务书的要求，开发专业资料模块功能； 11. 完成过程中可提问； 12. 学习基础资料管理里的年级班级资料的业务逻辑，并在 A4 纸上画出大概业务逻辑图； 13. 记录要点并思考如何完成； 14. 根据任务书的要求，开发年级班级资料模块功能； 15. 完成过程中可提问； 16. 学习系统设置管理里的课程资料的业务逻辑，并在 A4 纸上画出大概业务逻辑图； 17. 记录要点并思考如何完成； 18. 根据任务书的要求，开发课程资料模块功能； 19. 完成过程中可提问； 20. 展示自己的界面，并记录教师提出的建议	2. 能否实现系统设置事件，新增删除修改查询基本的功能操作； 3. 学生回答任务书中包含的要素，教师抽答点评
课时： 4 课时 1. 硬资源：商务软件开发学习工作站、展板、笔、A4 纸等。 2. 软资源：《排课业务流程资料》《C# 高级编程（第 9 版）》《数据结构应用》工作页、PPT 课件等			
4. 实现教学排课模块开发	1. 讲授教学排课包含的功能模块； 2. 讲授教学排课里新控件的使用方法； 3. 发布操作任务； 4. 讲授教学排课包含的功能模块里的教师资料管理的业务逻辑； 5. 介绍教师资料管理的功能要求； 6. 发布操作任务； 7. 巡查指导； 8. 讲授教学排课包含的功能模块里的教师任课设置的业务逻辑； 9. 介绍教师任课设置的功能要求； 10. 发布操作任务； 11. 巡查指导； 12. 让学生展示自己的系统并点评	1. 学习教学排课包含的功能模块，并在 A4 纸上画出大概功能结构图； 2. 熟悉基础资料管理里新的控件的使用； 3. 用 .NET 设计基础资料管理界面； 4. 学习教学排课里的教师资料管理的业务逻辑，并在 A4 纸上画出大概业务逻辑图； 5. 记录要点并思考如何完成； 6. 根据任务书的要求，开发教师资料管理模块功能； 7. 完成过程中可提问； 8. 学习教学排课里的教师任课设置的业务逻辑，并在 A4 纸上画出大概业务逻辑图； 9. 记录要点并思考如何完成； 10. 根据任务书的要求，开发教师任课设置模块功能； 11. 完成过程中可提问； 12. 展示自己的界面，并记录教师提出的建议	1. 教师点评：教学排课设计是否合理，功能是否实用且人性化； 2. 能否实现教学排课事件，新增删除修改查询基本的功能操作； 3. 学生回答任务书中包含的要素，教师抽答点评
课时： 8 课时 1. 硬资源：商务软件开发学习工作站、展板、笔、A4 纸等。 2. 软资源：《排课业务流程资料》《C# 高级编程第 9 版》《数据结构应用》工作页、PPT 课件等。			

基准学时：40

1 获取需求 → 2 系统设计 → 3 功能实现 → 4 软件测试 → 5 评价展示

	工作子步骤	教师活动	学生活动	评价
软件测试	1. 完成系统的开发后，对应用系统进行测试，并编写测试文档	1. 选择一个典型的测试文档案例，结合案例讲解软件测试方法； 2. 用软件测试的方法思路，引导学生编写测试用例； 3. 巡回指导，及时解决学生出现的问题，记录学生普遍存在的问题； 4. 程序测试无误后，安排小组成员将测试文档内容填入工作页中； 5. 对整个项目进行总体评价	1. 聆听、理解软件测试方法； 2. 思考各种可能的入参，参照软件测试方法完成测试用例编写； 3. 组长组织小组成员对出现的问题进行讨论，提出解决办法，并再次调试； 4. 系统测试无误后，将测试文档内容填入工作页中； 5. 根据教师的反馈信息，回顾整个项目	1. 教师巡回指导，及时回应学生出现的问题； 2. 教师查看学生完成的开发成果，并依据任务评价表打分，进行总体评价
	课时： 4 课时 1. 硬资源：商务软件开发学习工作站、展板、笔、A4 纸等。 2. 软资源：《排课业务流程资料》《C# 高级编程（第 9 版）》《数据结构应用》工作页、PPT 课件等			
评价展示	2. 制作成果汇报 PPT	1. 展示汇报设计 PPT 示例，讲解 PPT 制作方式及技巧；讲解成果汇报内容，制作的界面，设计说明等； 2. 安排学生按顺序上台汇报 PPT	1. 根据教师的提示点制作 PPT； 2. 上台汇报 PPT	1. 教师点评 PPT 制作画面是否美观 2. 教师点评学生陈述展示时使用的专业术语是否准确、展示时的仪态是否大方得体、语言表达是否清晰流畅
	课时： 4 课时 1. 硬资源：商务软件开发学习工作站、展板、笔、A4 纸等。 2. 软资源：《排课业务流程资料》《C# 高级编程（第 9 版）》《数据结构应用》工作页、PPT 课件等			

学习任务 2：优化并完善教学排课系统

任务描述

学习任务学时：40 课时

任务情境

教学排课系统已经开发完成，但是在测试阶段仍有许多 bug 需要修复。基于专业、品质、完善、服务的行业品质要求，严格按照相关规定和要求进行工作，脚踏实地对产品进行升级完善，使得交付给客户的产品是专业的、完善的、易用的及人性化的。

运用 .NET 开发一套教学排课系统，设计者从用户的角度去分析和整理需求，设计数据库，编写开发设计文档；并以程序员的角度完成软件开发。

具体要求见下页。

数据结构应用

工作流程和标准

工作环节 1

系统设计

1

1. 运用所学的知识，完善符合客户要求的教学排课系统数据库。
2. 根据所修改的数据字典来完善数据表。

方案设计要极度注重细节，不断追求完美和极致。

主要成果：

教学排课系统数据库字典、SQL Server 数据库文件

工作环节 2

功能实现

2

严格按照行业标准和编码规范实施开发，发扬精益求精的工匠精神。

1. 实现排课管理模块开发。
2. 实现课程表管理模块开发。
3. 实现系统帮助模块开发。
4. 实现教学排课模块开发。

主要成果：

排课管理功能执行文件、课程表管理功能执行文件、系统帮助功能执行文件

学习任务 2：优化并完善教学排课系统

工作环节 3

软件测试

3

完成系统的开发后，对应用系统进行测试，并编写测试文档，不断优化完善软件系统，在实践过程中进行验证。

主要成果：

功能测试文档

工作环节 4

评价展示

4

制作成果汇报 PPT，分享克服困难完善系统的心得体会。

主要成果：

成果汇报 PPT

课程 4. 数据结构应用

学习内容

知识点	1.1 数据库创建的知识与方法； 1.2 表字段的创建、视图创建和存储过程的创建； 1.3 数据库字段命名要符合行业规范； 1.4 数据库的脚本生成； 1.5 数据库的脚本执行	2.1 语言的基本知识和编程语法； 2.2 面向对象技术进行程序设计； 2.3 .NET 平台软件开发	3.1 .NET 平台基本操作、常用功能； 3.2 UI 设计； 3.3 多表关联； 3.4 多表查询
技能点	1.1 完善教学排课管理软件数据库； 1.2 完善教学排课管理软件数据表	2.1 按班级手动排课业务逻辑； 2.2 按专业手动排课业务逻辑； 2.3 自动排课条件设置业务逻辑； 2.4 按班级自动排课业务逻辑	3.1 课程表查询管理业务逻辑； 3.2 教师课程表业务逻辑； 3.3 班级课程表业务逻辑； 3.4 教室课程表业务逻辑
工作环节	工作环节 1 系统设计		功能实现 工作环节 2
成果	1.1 数据库和数据表	2.1 排课管理模块开发	3.1 课程表管理模块开发
素养	掌握软件工程思维方式，通过软件测试发现问题并修改程序，用不怕困难、砥砺奋进的意志改进优化教学排课系统； 分析现有软件中的不足与有待提升之处，引导学生思考并完善程序，启发学生用软件技术满足客户需求，在完成软件开发项目中不断发现问题、解决问题，做到踏实肯干、不断进步		

学习任务 2：优化并完善教学排课系统

4.1 视图的创建、修改、删除以及使用方法； 4.2 Insert 、Update、Delete 基本语法	5.1 测试的方法和技巧； 5.2 测试文档的编写方法； 5.3 黑盒测试； 5.4 白盒测试	6.1 PPT 的制作方法与技巧； 6.2 强化沟通表达意识
4.1 帮助及用户使用手册； 4.2 关于系统	5.1 编写教学排课管理软件测试文档	6.1 根据软件成果制作 PPT； 6.2 介绍软件界面及主要功能； 6.3 操作演示软件

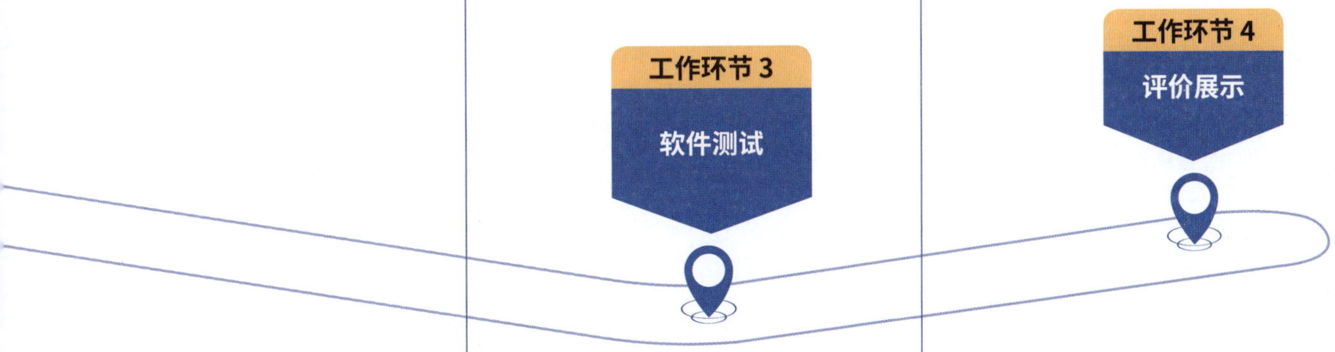

4.1 系统帮助模块开发	5.1 功能测试文档	6.1 成果汇报 PPT

掌握软件工程思维方式，通过软件测试发现问题并修改程序，用克服困难、砥砺奋进的意志改进优化教学排课系统；
分析现有软件中的不足与有待提升之处，引导学生思考并完善程序，启发学生用软件技术满足客户需求，在完成软件开发项目中不断发现问题、解决问题，做到踏实肯干、不断进步

课程 4. 数据结构应用

学习任务 2：优化并完善教学排课系统

1 系统设计 → 2 功能实现 → 3 软件测试 → 4 评价展示

系统设计

工作子步骤	教师活动	学生活动	评价
1.运用所学的知识，完善符合客户要求的教学排课系统数据库	1. 组织学生阅读工作页上的任务要求，提醒学生需关注的要点，完善系统设计，引导学生上网搜索“千年虫”等重大软件缺陷案例，讨论、分享由于项目需求分析不足导致的严重后果； 2. 讲解数据结构的概念、基础知识以及使用方法； 3. 发布任务，完善数据库设计并编写数据库字典； 4. 从收集到的数据库字典中抽样口头点评，侧重点评学生填写的内容是否符合规范	1. 阅读工作页上的任务要求，根据教师要求提取任务书的要点、关键词，通过案例明确软件测试的重要性，培养敬业精神； 2. 聆听教师讲解数据结构的概念、基础知识以及使用方法，并做笔记； 3. 思考如何完善数据库，填写并提交数据库字典； 4. 聆听教师点评并对比自己的数据库字典，记录优缺点	1. 教师点评：数据库字典是否完整，是否合理； 2. 学生回答任务书中包含的要素，教师抽答点评
课时： 2 课时 1. 硬资源：商务软件开发学习工作站、展板、笔、A4 纸等。 2. 软资源：《排课业务流程资料》《C# 高级编程（第 9 版）》《数据结构应用》工作页、PPT 课件等			
2. 根据所修改的数据字典来完善数据表	1. 讲授数据库创建的知识与方法； 2. 发布查询任务； 3. 讲授数据库备份的使用； 4. 发布操作任务； 5. 介绍表字段的创建、视图创建和存储过程的创建； 6. 讲授如何导出脚本并还原数据库脚本文件； 7. 让学生分享创建数据库的操作感想； 8. 介绍数据库脚本要点； 9. 提问学生掌握任务书中的要素	1. 学习数据库创建的知识与方法； 2. 独立上网查数据库脚本生成和执行的意义，运用场合； 3. 打开 SQL Server 数据库进行脚本生成和执行具体操作； 4. 用 SQL Server 数据库进行备份、还原； 5. 记录表字段的创建、视图创建和存储过程的创建掉要点，SQL Server 语句语法； 6. 用 Power Designer 进行数据库设计并导出脚本文件； 7. 分享操作问题及思考； 8. 小组记录要点； 9. 回答任务书中包含的要素	1. 教师点评：数据库脚本文件是否能执行成功，是否遇到执行失败的问题，如何来解决； 2. 学生回答任务书中包含的要素，教师抽答点评
课时： 2 课时 1. 硬资源：商务软件开发学习工作站、展板、笔、A4 纸等。 2. 软资源：《排课业务流程资料》《C# 高级编程（第 9 版）》《数据结构应用》工作页、PPT 课件等			

基准学时：40

1 系统设计　2 功能实现　3 软件测试　4 评价展示

功能实现

工作子步骤	教师活动	学生活动	评价
1. 实现排课管理模块开发	1. 讲授排课管理包含的功能模块； 2. 讲授排课管理里新控件的使用方法； 3. 发布操作任务； 4. 讲授排课管理包含的功能模块里的按班级手动排课的业务逻辑； 5. 介绍按班级手动排课的功能要求； 6. 发布操作任务； 7. 巡查指导； 8. 讲授排课管理包含的功能模块里的按专业手动排课资料的业务逻辑； 9. 介绍按专业手动排课资料的功能要求； 10. 发布操作任务； 11. 巡查指导； 12. 讲授排课管理包含的功能模块里的自动排课条件设置的业务逻辑； 13. 介绍自动排课条件设置的功能要求； 14. 发布操作任务； 15. 巡查指导； 16. 讲授排课管理包含的功能模块里的按班级自动排课的业务逻辑； 17. 介绍按班级自动排课的功能要求； 18. 发布操作任务； 19. 巡查指导； 20. 让学生展示自己的系统并点评	1. 学习排课管理包含的功能模块，并在 A4 纸上画出大概功能结构图； 2. 熟悉排课管理里新的控件的使用； 3. 用 .NET 设计排课管理界面； 4. 学习排课管理里的按班级手动排课的业务逻辑，并在 A4 纸上画出大概业务逻辑图； 5. 记录要点并思考如何完成； 6. 根据任务书的要求，开发按班级手动排课模块功能； 7. 完成过程中可提问； 8. 学习排课管理里的按专业手动排课资料的业务逻辑，并在 A4 纸上画出大概业务逻辑图； 9. 记录要点并思考如何完成； 10. 根据任务书的要求，开发按专业手动排课资料模块功能； 11. 完成过程中可提问； 12. 学习排课管理里的自动排课条件设置的业务逻辑，并在 A4 纸上画出大概业务逻辑图； 13. 记录要点并思考如何完成； 14. 根据任务书的要求，开发自动排课条件设置模块功能； 15. 完成过程中可提问； 16. 学习排课管理里的按班级自动排课的业务逻辑，并在 A4 纸上画出大概业务逻辑图； 17. 记录要点并思考如何完成； 18. 根据任务书的要求，开发按班级自动排课模块功能； 19. 完成过程中可提问； 20. 展示自己的界面，并记录教师提出的建议	1. 教师点评：排课管理设计是否合理，功能是否实用且人性化； 2. 能否实现排课事件，新增删除修改查询基本的功能操作； 3. 学生回答任务书中包含的要素，教师抽答点评

课时： 10 课时

1. 硬资源：商务软件开发学习工作站、展板、笔、A4 纸等。
2. 软资源：《排课业务流程资料》《C# 高级编程（第 9 版）》《数据结构应用》工作页、PPT 课件等

课程 4. 数据结构应用

学习任务 2：优化并完善教学排课系统

1 系统设计　2 功能实现　3 软件测试　4 评价展示

	工作子步骤	教师活动	学生活动	评价
功能实现	2. 实现课程表管理模块开发	1. 讲授课程表管理包含的功能模块； 2. 讲授课程表管理里新控件的使用方法； 3. 发布操作任务； 4. 讲授课程表管理包含的功能模块里的课程表查询的业务逻辑； 5. 介绍课程表查询的功能要求； 6. 发布操作任务； 7. 巡查指导； 8. 讲授课程表管理包含的功能模块里的教师课程表资料的业务逻辑； 9. 介绍教师课程表资料的功能要求； 10 发布操作任务； 11 巡查指导； 12. 讲授课程表管理包含的功能模块里的班级课程表的业务逻辑； 13. 介绍班级课程表的功能要求； 14. 发布操作任务； 15. 巡查指导； 16. 讲授课程表管理包含的功能模块里的教室课程表的业务逻辑； 17. 介绍教室课程表的功能要求； 18. 发布操作任务； 19. 巡查指导； 20. 让学生展示自己的系统并点评	1. 学习课程表管理包含的功能模块，并在 A4 纸上画出大概功能结构图； 2. 熟悉课程表管理里新的控件的使用； 3. 用 .NET 设计课程表管理界面； 4. 学习课程表管理里的课程表查询的业务逻辑,并在 A4 纸上画出大概业务逻辑图; 5. 记录要点并思考如何完成； 6. 根据任务书的要求，开发课程表查询模块功能； 7. 完成过程中可提问； 8. 学习课程表管理里的教师课程表资料的业务逻辑，并在 A4 纸上画出大概业务逻辑图； 9. 记录要点并思考如何完成； 10. 根据任务书的要求，开发教师课程表资料模块功能； 11. 完成过程中可提问； 12. 学习课程表管理里的班级课程表的业务逻辑，并在 A4 纸上画出大概业务逻辑图； 13. 记录要点并思考如何完成； 14. 根据任务书的要求，开发班级课程表模块功能； 15. 完成过程中可提问； 16. 学习课程表管理里的教室课程表的业务逻辑，并在 A4 纸上画出大概业务逻辑图； 17. 记录要点并思考如何完成； 18. 根据任务书的要求，开发教室课程表模块功能； 19. 完成过程中可提问； 20. 展示自己的界面，并记录教师提出的建议	1. 教师点评：课程表管理设计是否合理，功能是否实用且人性化； 2. 能否实现课程表管理事件，新增删除修改查询基本的功能操作； 3. 学生回答任务书中包含的要素，教师抽答点评

课时： 10 课时

1. 硬资源：商务软件开发学习工作站、展板、笔、A4 纸等。
2. 软资源：《排课业务流程资料》《C# 高级编程（第 9 版）》《数据结构应用》工作页、PPT 课件等

基准学时：40

1 系统设计　2 功能实现　3 软件测试　4 评价展示

功能实现

工作子步骤	教师活动	学生活动	评价
3. 实现系统帮助模块开发	1. 讲授系统帮助包含的功能模块； 2. 讲授系统帮助里新控件的使用方法； 3. 发布操作任务； 4. 讲授系统帮助包含的功能模块里的帮助及用户使用手册的业务逻辑； 5. 介绍帮助及用户使用手册的功能要求； 6. 发布操作任务； 7. 巡查指导； 8. 讲授系统帮助包含的功能模块里的关于系统的业务逻辑； 9. 介绍关于系统的功能要求； 10. 发布操作任务； 11. 巡查指导； 12. 让学生展示自己的系统并点评	1. 学习系统帮助包含的功能模块，并在 A4 纸上画出大概功能结构图； 2. 熟悉系统帮助里新的控件的使用； 3. 用 .NET 设计系统帮助界面； 4. 学习系统帮助里的帮助及用户使用手册的业务逻辑，并在 A4 纸上画出大概业务逻辑图； 5. 记录要点并思考如何完成； 6. 根据任务书的要求，开发帮助及用户使用手册模块功能； 7. 完成过程中可提问； 8. 学习系统帮助里的关于系统的业务逻辑，并在 A4 纸上画出大概业务逻辑图； 9. 记录要点并思考如何完成； 10. 根据任务书的要求，开发关于系统模块功能； 11. 完成过程中可提问； 12. 展示自己的界面，并记录教师提出的建议	1. 教师点评：系统帮助设计是否合理，功能是否实用且人性化； 2. 能否实现系统帮助事件，新增删除修改查询基本的功能操作； 3. 学生回答任务书中包含的要素，教师抽答点评

课时： 8 课时

1. 硬资源：商务软件开发学习工作站、展板、笔、A4 纸等。
2. 软资源：《排课业务流程资料》《C# 高级编程（第 9 版）》《数据结构应用》工作页、PPT 课件等

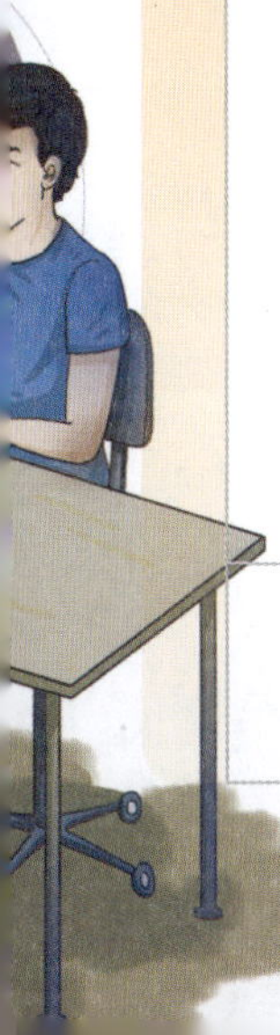

课程 4. 数据结构应用

学习任务 2：优化并完善教学排课系统　　基准学时：40

1 系统设计　2 功能实现　3 软件测试　4 评价展示

	工作子步骤	教师活动	学生活动	评价
软件测试	完成系统的开发后，对应用系统进行测试，并编写测试文档	1. 选择一个典型的测试文档案例，结合案例讲解软件测试方法；在讲授软件测试基础时，播放视频《厉害了我的国》，教师讲解大飞机、高速铁路等重大工程都需要经历严格的软件测试，才能正常运行； 2. 在讲解使用黑盒测试方法设计测试用例时，融入人文精神、工匠精神教育，分享诗人贾岛为诗句“鸟宿池边树，僧推月下门”的“推”要不要改成“敲”而反复琢磨和斟酌的案例； 3. 在讲解使用白盒测试方法设计测试用例时，融入工匠精神、敬业精神教育，编写测试方案、测试用例、bug 提交，总结报告反复修改、字斟句酌； 4. 用软件测试的方法思路，引导学生编写测试用例； 5. 巡回指导，及时解决学生出现的问题，记录学生普遍存在的问题； 6. 程序测试无误后，安排小组成员将测试文档内容填入工作页中； 7. 对整个项目进行总体评价	1. 聆听理解软件测试方法，观看视频，激发爱国情怀； 2. 聆听黑盒测试方法，通过案例体会古典诗歌之美与一丝不苟、锤炼精品的工匠精神的联系； 3. 聆听白盒测试方法，通过案例学习榜样的工匠精神，激发学习热情； 4. 思考各种可能的输入参数，参照软件测试方法完成测试用例编写； 5. 组长组织小组成员对问题进行讨论，提出解决办法，并再次调试； 6. 系统测试无误后，将测试文档内容填入工作页中； 7. 根据老师的反馈信息，对整个项目进行回顾	1. 教师巡回指导，及时解决学生出现的问题； 2. 教师查看学生完成的开发成果，并依据任务评价表打分，进行总体评价； 3. 教师点评：教学排课系统设计合理、功能完善，能运用科学的思维方式认识事物、解决问题、指导行为，不畏艰辛，砥砺奋进
	课时： 4 课时 1. 硬资源：商务软件开发学习工作站、展板、笔、A4 纸等。 2. 软资源：《排课业务流程资料》《C# 高级编程（第 9 版）》《数据结构应用》工作页、PPT 课件等			
评价展示	制作成果汇报 PPT，在优化完善软件系统的基础上，分享个人学习心得	1. 展示汇报设计 PPT 示例，讲解 PPT 制作方式及技巧、成果汇报内容、制作的界面、设计说明等； 2. 让学生按顺序上台汇报 PPT； 3. 引导学生以小组为单位，进行完善软件系统过程的经验总结；组织学生代表分享学习心得，引导学生培养克服困难，砥砺知行的态度	1. 根据教师的提示点制作 PPT； 2. 上台汇报 PPT； 3. 以小组为单位，总结优化完善软件系统过程的经验。各小组代表分享学习心得，其他学生做好记录	1. 教师点评 PPT 制作画面是否美观； 2. 教师点评学生陈述展示时使用的专业术语是否准确、展示时的仪态是否大方得体、语言表达是否清晰流畅； 3. 通过分享心得体会，突出砥砺前行的态度
	课时： 4 课时 1. 硬资源：商务软件开发学习工作站、展板、笔、A4 纸等。 2. 软资源：《排课业务流程资料》《C# 高级编程（第 9 版）》《数据结构应用》工作页、PPT 课件等			

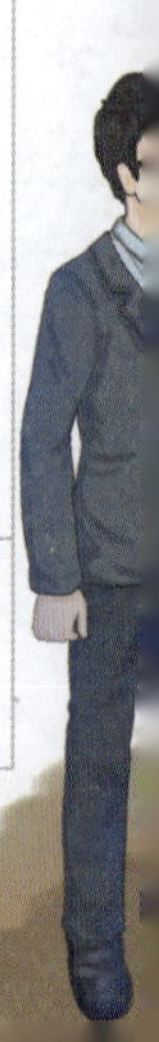

考核标准

情境描述

为了解决每个学期排课工作头绪多、任务繁重的问题，广州市工贸技师学校决定自行开发一套教学排课系统。该系统具有储存过往课程表记录、实时生成课程表、按条件导出或打印课程表等功能。通过使用该系统，管理人员可以快速、合理地完成所有的课程编排，避免课程冲突。

考核要点

（1）调研、理解并确认用户的需求，编写软件需求分析说明书（5%）。

（2）根据用户需求，使用 UML 建模工具完成用例图、类图、对象图、顺序图、状态图和活动图建模和分析文档（10%）。

（3）设计数据库，编写数据库文件（15%）。

（4）根据用户需求设计功能界面（15%）。

（5）使用 C# 编程语言以及对应开发工具以及第三方控件和类库，完成教学排课系统的商务软件开发任务（25%）。

（6）封装处理教学排课业务的类库（10%）。

（7）使用 C# 的异常处理方法以及高级应用完成代码编写（5%）。

（8）正确地使用单元测试及功能测试手段，对软件开发成果进行测试（10%）。

（9）意志坚强、脚踏实地、不断进步（5%）。

过程性测评模式（30%）

1. 输出成果（70%）。
2. 平时考勤（10%）。
3. 学习态度（20%）。

说明：权值按学时比例分布。

终结性测评模式（70%）

1. 收集输出成果、评分标准。
2. 学生分工展示作品（2 人 / 组）：PPT 讲解、软件演示。
3. 企业导师提问、学生答辩、任课老师补充。
4. 统一评分：任课老师（70%）、企业导师 / 行业专家（30%）。

参与测评人员

过程性测评：任课老师。

终结性测评：任课老师、企业导师、行业专家。

参考资料

完成上述任务时，学生可以使用参考教材、以往企业使用的项目书、企业真实的工作日志等参考资料。

课程 5.BS 软件开发

学习任务 1

运用 .NET 开发简单的网络分销管理软件（DCM）

（100）学时

学习任务 1

优化网络分销管理软件

（60）学时

课程目标

完本工作任务后，能够使用 C# 语言开发平台，进行系统设计、开发、测试等工作，养成良好的职业素养，具体目标如下。

1. 与主管和用户有效沟通，明确用户需求。
2. 使用 C#、Java 开发语言进行面向对象的软件设计。
3. 能使用多种开发工具进行软件开发。
4. 能使用脚本语言进行软件编辑。
5. 能进行系统程序测试和程序设计。
6. 根据异常信息快速地定位问题的原因和大致位置进行排错。
7. 编写的代码必须符合流行的编码规范，如类名首字母大写，成员和方法名首字母小写等等。
8. 在完成任务的过程中，体现良好的职业素养和认真负责的态度，任务工作流程遵守自身企业和用户企业的管理规范。
9. 开发项目实施中要严格遵守行业编码规范。

课时：160

课程内容

对照本课程目标，学生应当掌握以下知识、技能及职业素养：

1. 与用户进行沟通，调研，完成软件的业务需求与功能设计。

2. 使用 C#、J2EE、Hibernate 常用类库进行软件源代码编辑。

3. 系统的调试、测试与 bug 修改，程序开发异常处理。

4.Web 服务器的安装、部署、发布。

5. 关键信息搜索技巧，代码编写规范。

6.ASP.NET、VS.NET、Eclipse、Netbeans、JBuilder、Jdeveloper、IDEA、JCreator 或者 Workshop 开发工具应用。

7. J2EE、Hibernate、HTML、CSS 等浏览器服务器开发流行技术。

8. 运用所学知识技能模拟解决实际问题，具备程序员岗位技术运用能力（编码规范）。

9. 养成程序员需要具备的职业素养和规则意识，熟悉职业相关法律法规、坚守职业操守等。

学习任务 1：运用 .NET 开发简单的网络分销管理软件（DCM）

任务描述

学习任务学时：**100** 课时

任务情境

某企业设置有采购部、仓储部（仓库分总部、分部和中心仓库）、财务部、技术部、销售部、物流部等核心部门，其希望通过引入一套网络分销管理系统，达到以下目的：

实现采购部门订单申请、审核以及供应商的订单、发货的实时追踪，并能对采购订单进行逾期报警；实现销售部门在客户管理、报价处理、订单处理和跟踪、出货管理、退货管理、营销分析等信息的电子化管理；为企业领导及相关人员提供数据及业务进程的便捷查询；带动生产、采购和产品供应业务管理的科学规范与正常运行，提高人员的工作效率，促进公司销售管理各环节高效运转。

实现仓储部门在仓库设置、出入库处理、库存报表分析等信息的电子化管理，实现仓库管理的高效运转；及时反馈库存管理信息，合理控制库存、降低库存占用资金，提高物品周转效率，实现企业物流的高效运转。

实现财务部门在客户应收款管理的信息电子化处理和监控，理顺往来账务关系，减少应收风险，加速资金运转，提高账务处理效率，高效核算销售业绩。

开发项目实施中要严格遵守行业编码规范（养成程序员需要具备的职业素养，具有规则意识，熟悉职业相关法律法规、坚守职业操守等）；运用所学知识技能模拟解决实际问题，具备程序员岗位职责中实践创新的素养。

具体要求见下页。

工作流程和标准

工作环节 1

绘制业务流程图

1

根据客户的需求和功能结构图绘制业务和业务流程样式，完善功能结构图和业务流程图。

主要成果：

DCM 功能结构图、DCM 业务流程图

工作环节 2

创建数据库

2

依据数据字典，完成数据库的创建。

主要成果：

数据库文件

学习任务 1：运用 .NET 开发简单的网络分销管理软件（DCM）

工作环节 3

创建 ER 图

3

读懂数据字典，绘制 ER 关系图。

主要成果：

ER 关系图

工作环节 4

创建工程

4

创建 DCM 系统的登录界面；用户注册功能开发；设计一个 DCM 用户主界面；创建基础资料维护功能；采购订单申请、审核、确认、发货、收货功能开发；采购付款申请、确认、支付功能开发。

主要成果：

登录功能执行文件，用户注册功能执行文件，用户主界面执行文件，基础资料维护功能执行文件，采购订单申请、审核、确认、发货、收货功能执行文件，采购付款申请、确认、支付功能执行文件

工作环节 5

评价展示

5

制作成果汇报 PPT。

主要成果：

成果汇报 PPT

课程 5.BS 软件开发

学习内容

知识点	1.1 软件开发流程； 1.2 需求文档概念和内容； 1.3 需求文档内容的提取方法	2.1 流程图的概念、标准符号解析； 2.2 流程图的绘制方法。	3.1 数据库创建的知识与方法； 3.2 表字段的创建、视图创建和存储过程的创建； 3.3 数据库字段命名要符合行业规范； 3.4 数据库的脚本生成； 3.5 数据库的脚本执行	4.1 登录、注册界面设计； 4.2 界面的美观友好、功能的人性化； 4.3 用户输入登录 ID 和登录密码的文本框； 4.4 登录窗体没有最大化、最小化和关闭按钮； 4.5 登录失败超过三次提示用户
技能点	1.1 能从需求文档中提取功能点； 1.2 制作功能列表文档	2.1 网络分销系统业务知识； 2.2 功能结构图的概念、样式； 2.3 网络分销管理功能结构图的绘制； 2.4 采购业务流程描述； 2.5 系统登录业务流程的绘制； 2.6 采购业务流程的绘制； 2.7 发货与付款业务流程的绘制	3.1 创建网络分销管理系统数据库； 3.2 创建网络分销管理系统数据表； 3.3 ER 关系图的理论与编辑方法； 3.4 正确的表之间的关系； 3.5 绘制 ER 关系图	4.1 用户和密码输入框校验； 4.2 登录、退出与数据库配置； 4.3 WinForm 布局合理； 4.4 密码非明文显示
工作环节	工作环节 1 系统设计			
成果	1.1 功能列表文档	2.1 业务流程图	3.1 数据库和数据表	4.1 登录注册功能
素养	1.1 在与客户和业务主管等相关人员进行沟通的过程中，培养与人沟通的能力； 1.2 在阅读任务书及记录任务书关键内容的工作过程中，培养阅读理解及提取关键信息的能力； 1.3 反复强化 B/S 编码规范，树立编码规范意识（遵守规则意识）	2.1 在完善数据库的工作过程中，培养分析、决策能力	3.1 在完善数据库的工作过程中，培养分析、决策能力	4.1 在按照工作计划和工作流程完成软件开发和软件维护工作过程中，培养敬业、精业、严谨、规范、用户至上的工匠精神； 4.2 形成规则意识，依据世赛、企业开发标准进行开发，确保软件代码可读性和软件质量，树立行业编码规范意识

学习任务 1：运用 .NET 开发简单的网络分销管理软件（DCM）

5.1 语言的基本知识和编程语法； 5.2 面向对象技术进行程序设计； 5.3 .NET 平台软件开发	6.1 .NET 平台基本操作、常用功能； 6.2 UI 设计； 6.3 多表关联	7.1 视图的创建、修改、删除以及使用方法； 7.2 Insert 、Update、Delete 基本语法	8.1 测试的方法和技巧； 8.2 测试文档的编写方法； 8.3 黑盒测试； 8.4 白盒测试	9.1 PPT 的制作方法与技巧； 9.2 强化沟通表达意识
5.1 查询商品信息业务逻辑； 5.2 修改商品信息业务逻辑； 5.3 新增商品信息业务逻辑； 5.4 删除商品信息业务逻辑	6.1 采购申请业务逻辑； 6.2 采购验收业务逻辑； 6.3 付款申请业务逻辑； 6.4 供应商信息维护业务逻辑	7.1 入库管理业务逻辑； 7.2 出库管理业务逻辑； 7.3 移库管理业务逻辑； 7.4 盘点管理业务逻辑	8.1 编写网络分销管理系统测试文档； 8.2 软件测试及纠错	9.1 根据软件成果制作 PPT； 9.2 介绍软件界面及主要功能； 9.3 操作演示软件

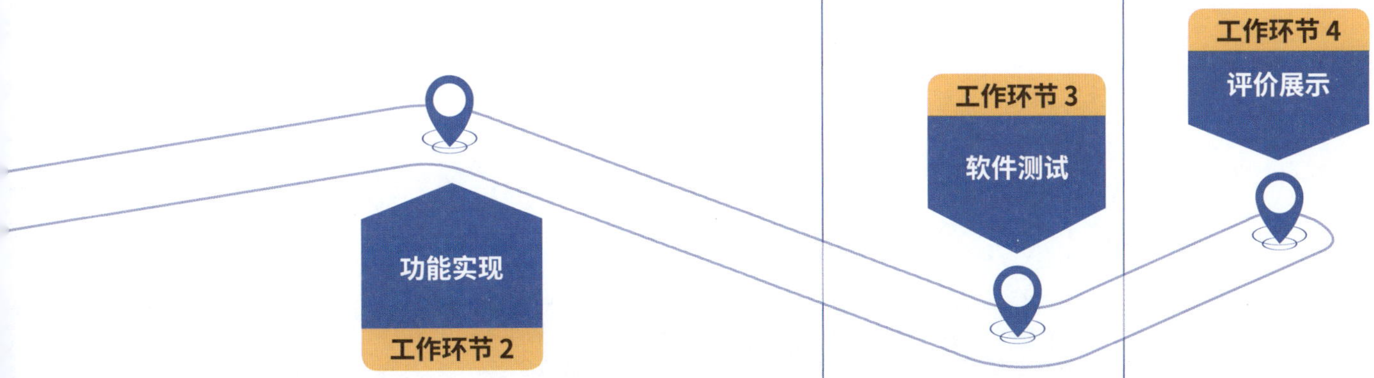

5.1 商品管理模块开发	6.1 采购管理模块开发	7.1 库存管理模块开发	8.1 功能测试文档	9.1 成果汇报 PPT
5.1 在按照工作计划和工作流程完成软件开发和软件维护工作过程中，培养敬业、精业、严谨、规范、用户至上的工匠精神	6.1 在按照工作计划和工作流程完成软件开发和软件维护工作过程中，培养敬业、精业、严谨、规范、用户至上的工匠精神	7.1 在按照工作计划和工作流程完成软件开发和软件维护工作过程中，培养敬业、精业、严谨、规范、用户至上的工匠精神	8.1 在软件功能检测的工作过程中，培养敬业、精业、严谨、规范、用户至上的工匠精神； 8.2 在对软件测试的工作过程中，培养辨识问题、解决问题的能力； 8.3 在编写测试报告的工作过程中，培养文书撰写能力	9.1 在评价展示工作过程中，培养汇报撰写能力和口头表达能力

课程 5.BS 软件开发

学习任务 1：运用 .NET 开发简单的网络分销管理软件（DCM）

① 绘制业务流程图 → ② 创建数据库 → ③ 创建 ER 图 → ④ 创建工程 → ⑤ 评价展示

绘制业务流程图

工作子步骤	教师活动	学生活动	评价
根据客户的需求和功能结构图绘制业务和业务流程样式，完善功能结构图和业务流程图	1. 讲授网络分销系统功能模块； 2. 发布查询任务； 3. 讲授 Visio 工具使用方法； 4. 发布操作任务； 5. 让学生分享操作感想； 6. 介绍功能结构图设计任务要点； 7. 提问学生掌握任务书中包含的要素； 8. 讲解演示 Web 开发规范手册的用法； 9. 结合手册及世界技能大赛标准，讲解开发工程师职业素养中的规则意识，熟悉职业相关法律法规、坚守职业操守；	1. 学习网络分销系统有哪些功能模块并记录； 2. 独立上网查找什么是功能结构图； 3. 熟悉 Visio 软件使用； 4. 用 Visio 画功能结构图； 5. 分享操作问题及思考； 6. 小组记录任务书要点； 7. 回答任务书中包含的要素； 8. 聆听教师讲解行业编码规范，上网查找、学习开发工程师需要具备的职业素养中的规则意识，熟悉职业相关法律法规、坚守职业操守（决不能运用技术害人违法），提升遵守生活与工作中的规则意识	1. 教师点评：功能结构图是否描述清晰，简洁易懂； 2. 学生回答任务书中包含的要素，教师抽答点评； 3. 关注学生是否按照手册规范进行编码（督促学生规则意识）； 4. 学业成果检查： (1) 查看学生操作完成的 Web 启动页效果，评价相对布局和线性布局知识的运用情况； (2) 查看源代码，考查规范编码的规则意识
	课时： 6 课时 1. 硬资源：商务软件开发工作站（CPU:i5 三代或以上，内存：8 G 或以上，硬盘：500 G 或以上）、纸、笔。 2. 软资源：Office 工具软件、单数据库应用与模型设计工作页、Visio。 3. 教学设施：教学计算机、投影、白板、音响、话筒等		
	1. 讲授网络分销系统登录业务流程、网络分销系统采购业务流程、网络分销系统发货与付款业务流程； 2. 发布查询任务； 3. 讲授 Visio 工具使用； 4. 发布操作任务； 5. 让学生分享操作感想； 6. 介绍业务流程图设计任务要点； 7. 提问学生掌握任务书中包含的要素	1. 学习网络分销系统登录业务流程、网络分销系统采购业务流程、网络分销系统发货与付款业务流程并记录要点； 2. 独立上网查找什么是业务流程图； 3. 熟悉 Visio 工具使用； 4. 用 Visio 画业务流程图； 5. 学生分享操作问题及思考； 6. 小组记录任务书要点； 7. 回答任务书中包含的要素	1. 教师点评：业务流程图是否描述清晰，简洁易懂； 2. 学生回答任务书中包含的要素，教师抽答点评
	课时： 4 课时 1. 硬资源：商务软件开发工作站（CPU:i5 三代或以上，内存：8 G 或以上，硬盘：500 G 或以上）、纸、笔。 2. 软资源：Office 工具软件、单数据库应用与模型设计工作页、Visio。 3. 教学设施：教学计算机、投影、白板、音响、话筒等		

① 绘制业务流程图 → ② 创建数据库 → ③ 创建 ER 图 → ④ 创建工程 → ⑤ 评价展示

	工作子步骤	教师活动	学生活动	评价
创建数据库	依据数据字典，完成数据库的创建	1. 讲授数据库创建的知识与方法； 2. 发布查询任务； 3. 讲授基本语法与数据库基础知识(表、字段、类型等)； 4. 发布操作任务； 5. 巡查指导； 6. 让学生分享操作感想； 7. 介绍数据字典设计要点； 8. 提问学生掌握任务书中包含的要素	1. 学习数据库创建的知识与方法； 2. 独立上网查找 SQL Server 的语法知识； 3. 记笔记； 4. 用 SQL Server 数据库进行数据库操作； 5. 设计过程中进行提问； 6. 分享操作问题及思考； 7. 小组记录任务书要点； 8. 回答任务书中包含的要素	1. 教师点评：数据库脚本文件是否能执行成功； 2. 学生回答任务书中包含的要素，教师抽答点评
	课时： 4 课时 1. 硬资源：商务软件开发工作站（CPU:i5 三代或以上，内存：8 G 或以上，硬盘：500 G 或以上）、纸、笔。 2. 软资源：Office 工具软件、单数据库应用与模型设计工作页、Visio、Power Design。 3. 教学设施：教学计算机、投影、白板、音响、话筒等			
创建 ER 图	读懂数据字典，绘制 ER 关系图	1. 讲授 ER 关系图的理论与编辑方法； 2. 发布查询任务； 3. 讲授表与表之间的关系； 4. 发布操作任务； 5. 讲授如何绘制 ER 关系图； 6. 发布操作任务； 7. 巡查指导； 8. 让学生分享感想； 9. 提问学生掌握任务书中包含的要素问题； 10. 讲解演示开发规范手册的用法； 11. 结合手册，讲解开发工程师职业素养中的规则意识，熟悉职业相关法律法规、坚守职业操守； 12. 编写代码时请查看手册按照行业编码规范编码； 13. 举例说明不遵守职业道德的案例（后门和木马程序的危害）	1. 学习 ER 关系图的理论与编辑方法并做笔记； 2. 独立上网查找什么是 ER 关系图； 3. 记笔记； 4. 用 Visio 画出大概的关系图； 5. 学习如何绘制 ER 关系图并做笔记； 6. 创建并读懂数据字典，绘制 ER 关系图； 7. 设计过程中进行提问； 8. 分享关系图以及出现的问题和思考； 9. 回答任务书中包含的要素； 10. 聆听教师讲解行业编码规范，上网查找、学习，开发工程师需要具备的职业素养中的规则意识，熟悉职业相关法律法规、坚守职业操守（决不能运用技术害人违法），提升遵守生活与工作中的规则意识	1. 教师点评：ER 图表与表之间的关系是否正确； 2. 学生回答任务书中包含的要素，教师抽答点评； 3. 关注学生是否按照手册规范进行编码（督促学生规则意识）； 4. 查看学生操作完成的情况； 5. 查看源代码，考查规范编码的规则意识
	课时： 4 课时 1. 硬资源：商务软件开发工作站（CPU:i5 三代或以上，内存：8 G 或以上，硬盘：500 G 或以上）、纸、笔。 2. 软资源：Office 工具软件、单数据库应用与模型设计工作页、Visio、Power Design。 3. 教学设施：教学计算机、投影、白板、音响、话筒等			

课程 5.BS 软件开发

学习任务 1：运用 .NET 开发简单的网络分销管理软件（DCM）

① 绘制业务流程图 → ② 创建数据库 → ③ 创建 ER 图 → ④ 创建工程 → ⑤ 评价展示

创建工程

工作子步骤	教师活动	学生活动	评价
1. 创建 DCM 系统的登录界面	1. 讲授界面设计的基础知识排版设计; 2. 讲授 .NET 工具使用方法; 3. 发布操作任务 4. 让学生分享操作感想; 5. 介绍 DCM 登录界面的要求; 6. 介绍 DCM 登录功能必须符合的要求; 7. 提问学生掌握任务书中包含的要素; 8. 让学生展示自己的系统并点评; 9. 开发过程中要按照网站行业编码规范编写代码；能够独立编码完成真实界面的布局	1. 学习登录界面设计的基础知识排版、设计并记录; 2. 熟悉 .NET 工具使用; 3. 用 .NET 设计登录功能设计界面; 4. 分享操作问题及思考; 5. 记录要点并检查自己设计的界面是否符合要求; 6. 根据任务书的要求，开发登录模块功能； 7. 教回答任务书中包含的要素; 8. 展示自己的登录界面，并记录教师提出的建议; 9. 明确网页行业编码规范	1. 教师点评：登录界面是否合理，排版是否美观实用且人性化，功能是否能实现登录关注学生编码是否规范（出现不规范，及时指导）； 2. 学生回答任务书中包含的要素，教师抽答点评
课时： 4 课时 1. 硬资源：商务软件开发工作站（CPU:i5 三代或以上，内存：8 G 或以上，硬盘：500 G 或以上）、纸、笔。 2. 软资源：Office 工具软件、单数据库应用与模型设计工作页、Visio。 3. 教学设施：教学计算机、投影、白板、音响、话筒等			
2. 用户注册功能开发	1. 讲授用户注册的有效性校验：是否重复 ID、手机号、身份证、错误提示、密码加密、图片控件、邮箱; 2. 讲授 .NET 相应工具的使用方法; 3. 发布操作任务 4. 让学生分享操作感想; 5. 介绍 DCM 用户注册界面的要求; 6. 介绍 DCM 用户注册功能必须符合的要求; 7. 提问学生掌握任务书中包含的要素; 8. 让学生展示自己的系统并点评	1. 学习用户注册的有效性校验：是否重复 ID、手机号、身份证、错误提示、密码加密、图片控件、邮箱; 2. 熟悉 .NET 相应工具的使用方法; 3. 用 .NET 设计用户注册功能设计界面; 4. 分享操作问题及思考; 5. 记录要点并检查自己设计的界面是否符合要求; 6. 根据任务书的要求，开发用户注册模块功能； 7. 回答任务书中包含的要素; 8. 展示自己的登录界面，并记录教师提出的建议	1. 教师点评：用户注册是否合理，排版是否美观实用且人性化，功能是否能实现用户注册，且有正确的校验; 2. 学生回答任务书中包含的要素，教师抽答点评
课时： 2 课时 1. 硬资源：商务软件开发工作站（CPU:i5 三代或以上，内存：8 G 或以上，硬盘：500 G 或以上）、纸、笔。 2. 软资源：Office 工具软件、单数据库应用与模型设计工作页、Visio。 3. 教学设施：教学计算机、投影、白板、音响、话筒等			

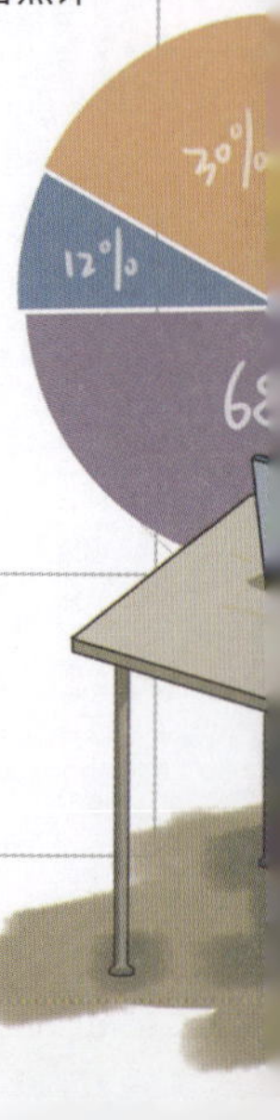

创建工程

工作子步骤	教师活动	学生活动	评价
3. 设计一个 DCM 用户主界面	1. 讲授主界面设计的基础知识：排版、设计； 2. 讲授 .NET 主界面控件使用方法； 3. 发布操作任务 4. 让学生分享操作感想； 5. 介绍系统主界面的界面要求； 6. 介绍系统主界面应该符合用户要求； 7. 提问学生掌握任务书中包含的要素； 8. 让学生展示自己的系统并点评	1. 学习主界面设计的基础知识：排版、设计并记录； 2. 熟悉 .NET 主界面控件的使用； 3. 用 .NET 设计主界面； 4. 分享操作问题及思考； 5. 记录要点并检查自己设计的界面是否符合要求； 6. 根据任务书的要求，开发主界面模块功能； 7. 回答任务书中包含的要素； 8. 展示自己的界面，并记录教师提出的建议	1. 教师点评：主界面设计是否合理，排版是否美观实用且人性化，能否实现点击父菜单展开父菜单所有的子菜单且点击子菜单进入对应的页面； 2. 学生回答任务书中包含的要素，教师抽答点评

课时： 2 课时
1. 硬资源：商务软件开发工作站（CPU:i5 三代或以上，内存：8 G 或以上，硬盘：500 G 或以上）、纸、笔。
2. 软资源：Office 工具软件、单数据库应用与模型设计工作页、Visio。
3. 教学设施：教学计算机、投影、白板、音响、话筒等

4. 创建基础资料维护功能	1. 讲授基础资料维护所包含的功能模块； 2. 讲授基础资料维护里新的控件的使用方法； 3. 发布操作任务 4. 讲授基础资料维护包含的功能模块里的角色数据维护的业务逻辑； 5. 介绍角色数据维护的功能要求； 6. 发布操作任务； 7. 巡查指导； 8. 讲授基础资料维护包含的功能模块里的岗位数据页面维护的业务逻辑； 9. 介绍岗位数据页面维护的功能要求； 10. 发布操作任务； 11. 巡查指导；	1. 学习基础资料维护所包含的功能模块，并在 A4 纸上画出大概功能结构图； 2. 熟悉基础资料维护里新的控件的使用； 3. 用 .NET 设计基础资料维护界面； 4. 学习基础资料维护里的角色数据维护的业务逻辑，并在 A4 纸上画出大概业务逻辑图； 5. 记录要点并思考如何完成； 6. 根据任务书的要求，开发角色数据维护模块功能； 7. 完成过程中可提问； 8. 学习基础资料维护里的岗位数据页面维护的业务逻辑，并在 A4 纸上画出大概业务逻辑图； 9. 记录要点并思考如何完成； 10. 根据任务书的要求，开发岗位数据页面维护模块功能； 11. 完成过程中可提问；	1. 教师点评：基础资料维护设计是否合理，功能是否实用且人性化，能否实现登录事件，新增删除修改查询基本的功能操作； 2. 学生回答任务书中包含的要素，教师抽答点评

课程 5.BS 软件开发

学习任务 1：运用 .NET 开发简单的网络分销管理软件（DCM）

1 绘制业务流程图 → 2 创建数据库与数据字典 → 3 创建工程 → 4 评价展示

创建工程

工作子步骤	教师活动	学生活动	评价
4. 创建基础资料维护功能	12. 讲授基础资料维护包含的功能模块里的单据类型维护的业务逻辑； 13. 介绍单据类型维护的功能要求； 14. 发布操作任务； 15. 巡查指导； 16. 讲授基础资料维护包含的功能模块里的供应商信息维护的业务逻辑； 17. 介绍供应商信息维护的功能要求； 18. 发布操作任务； 19. 巡查指导； 20. 讲授基础资料维护包含的功能模块里的客户信息维护的业务逻辑； 21. 介绍客户信息维护的功能要求； 22. 发布操作任务； 23. 巡查指导； 24. 讲授基础资料维护包含的功能模块里的商品类型维护的业务逻辑； 25. 介绍商品类型维护的功能要求； 26. 发布操作任务； 27. 巡查指导； 28. 讲授基础资料维护包含的功能模块里的商品数据维护的业务逻辑； 29. 介绍商品数据维护的功能要求； 30. 发布操作任务； 31. 巡查指导； 32. 让学生展示自己的系统并点评	12. 学习基础资料维护里的单据类型维护的业务逻辑，并在 A4 纸上画出大概业务逻辑图； 13. 记录要点并思考如何完成； 14. 根据任务书的要求，开发单据类型维护模块功能； 15. 完成过程中可提问； 16. 学习基础资料维护里的供应商信息维护的业务逻辑，并在 A4 纸上画出大概业务逻辑图； 17. 记录要点并思考如何完成； 18. 根据任务书的要求，开发供应商信息维护模块功能； 19. 完成过程中可提问； 20. 学习基础资料维护里的客户信息维护的业务逻辑，并在 A4 纸上画出大概业务逻辑图； 21. 记录要点并思考如何完成； 22. 根据任务书的要求，开发客户信息维护模块功能； 23. 完成过程中可提问； 24. 学习基础资料维护里的商品类型维护的业务逻辑，并在 a4 纸上画出大概业务逻辑图； 25. 记录要点并思考如何完成； 26. 根据任务书的要求，开发商品类型维护模块功能； 27. 完成过程中可提问； 28. 学习基础资料维护里的商品数据维护的业务逻辑，并在 A4 纸上画出大概业务逻辑图； 29. 记录要点并思考如何完成； 30. 根据任务书的要求，开发商品数据维护模块功能； 31. 完成过程中可提问； 32. 展示自己的界面，并记录教师提出的建议	

课时： 30 课时

1. 硬资源：商务软件开发工作站（CPU:i5 三代或以上，内存：8 G 或以上，硬盘：500 G 或以上）、纸、笔。
2. 软资源：Office 工具软件、单数据库应用与模型设计工作页、Visio。
3. 教学设施：教学计算机、投影、白板、音响、话筒等

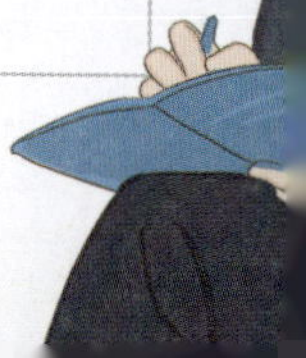

① 绘制业务流程图 ② 创建数据库与数据字典 ③ 创建工程 ④ 评价展示

创建工程

工作子步骤	教师活动	学生活动	评价
5. 采购订单申请、审核、确认、发货、收货功能开发	1. 讲授采购订单的业务逻辑；	1. 学习采购订单的业务逻辑，并在 A4 纸上画出大概业务逻辑图，确定后，在 Visio 画出完整的业务逻辑图；	1 教师点评采购订单申请、审核、确认、发货、收货功能设计是否合理，功能是否实用且人性化，能否实现金额正确计算以及导出 Excel 文件 2 学生回答任务书中包含的要素，教师抽答点评
	2. 讲授采购流程涉及的表与表之间的关联；	2. 根据教师讲授的表之间的关联，认真思考问题；	
	3. 发布绘图任务；	3. 打开数据库，绘制 ER 关系图；	
	4. 教师根据采购订单申请任务书，讲解重点要求，（删除未提交的订单（订单关联的数据需要全部删除）、提交数据，更改数据库状态、OrderList 具有唯一性，不能为空，自动生成、采购总金额，自动计算、页面传值的问题、同一个订单不能有重复的商品、计算订单的总金额、导出 Excel 文件；	4. 学习采购订单申请重点，并在任务书做笔记；	
	5. 发布操作任务；	5. 用 .NET 设计采购订单界面并开发此功能模块；	
	6. 巡查指导；	6. 完成过程中可提问；	
	7. 根据采购订单审核任务书，讲解重点要求，（点击 Dosure（审核）按钮更改状态，注意数据的更新，并刷新数据、UnSure 按钮：更改订单状态（st_list=' 5'），订单处于冻结状态，不再进入采购路程；	7. 学习采购订单审核重点，并在任务书做笔记；	
	8. 发布操作任务；	8. 用 .NET 设计采购审核界面并开发此功能模块；	
	9. 巡查指导；	9. 完成过程中可提问；	
	10. 根据采购订单确认任务书，讲解重点要求，击 Dosure（审核）按钮更改状态，注意数据的更新，并刷新数据；	10. 学习采购订单确认重点，并在任务书做笔记；	
	11. 发布操作任务；	11. 用 .NET 设计采购确认界面并开发此功能模块；	
	12. 巡查指导；	12. 完成过程中可提问；	
	13. 根据采购订单发货任务书，讲解重点要求，点击 Dosure（审核）按钮更改状态，注意数据的更新；	13. 学习采购订单发货重点，并在任务书做笔记；	

BS 软件开发

课程 5.BS 软件开发

学习任务 1：运用 .NET 开发简单的网络分销管理软件（DCM）

1 绘制业务流程图 → 2 创建数据库与数据字典 → 3 创建工程 → 4 评价展示

创建工程

工作子步骤	教师活动	学生活动	评价
5. 采购订单申请、审核、确认、发货、收货功能开发	14. 发布操作任务； 15. 巡查指导； 16 根据采购订单收货任务书，讲解重点要求考点在于相关单据的转换逻辑，技术点是表与表之间的数据交互、采购费用，根据采购单自动填充； 17 发布操作任务； 18 巡查指导； 19 让学生展示自己的系统并点评	14. 用 .NET 设计采购发货界面并开发此功能模块； 15. 完成过程中可提问； 16. 学习采购订单收货重点，并在任务书做笔记； 17. 用 .NET 设计采购收货界面并开发此功能模块； 18. 完成过程中可提问； 19. 展示自己的界面，并记录教师提出的建议	

课时： 22 课时

1. 硬资源：商务软件开发工作站（CPU:i5 三代或以上，内存：8 G 或以上，硬盘：500 G 或以上）、纸、笔。
2. 软资源：Office 工具软件、单数据库应用与模型设计工作页、Visio。
3. 教学设施：教学计算机、投影、白板、音响、话筒等

工作子步骤	教师活动	学生活动	评价
6. 采购付款申请、确认、支付功能开发	1. 讲授采购订单付款的业务逻辑； 2. 讲授采购付款流程涉及的表与表之间的关联； 3. 发布绘图任务； 4. 根据采购付款申请任务书，讲解重点要求，程序由供应商发起申请，采购经理确认后发送给财务完成付款流程，注意状态变化； 5. 发布操作任务； 6. 巡查指导； 7. 根据采购付款确认任务书，讲解重点要求（采购方在接收到确认后根据采购订单来确认单据是否已完成收货，只有完成收货后才能确认）； 8. 发布操作任务； 9. 巡查指导；	1. 学习采购订单付款的业务逻辑，并在 A4 纸上画出大概业务逻辑图，确定后，在 Visio 画出完整的业务逻辑图； 2. 根据教师讲授的表之间的关联，认真思考问题； 3. 绘制 ER 关系图； 4. 学习采购订单付款申请重点，并在任务书做笔记； 5. 用 .NET 设计采购付款申请界面并开发此功能模块； 6. 完成过程中可提问； 7. 学习采购付款确认重点，并在任务书做笔记； 8. 用 .NET 设计采购付款确认界面并开发此功能模块； 9. 完成过程中可提问；	1 教师点评：采购订单申请、审核、确认、发货、收货功能设计是否合理，功能是否实用且人性化，能否实现金额正确计算以及导出 Excel 文件； 2 学生回答任务书中包含的要素，教师抽答点评

1 绘制业务流程图 → 2 创建数据库与数据字典 → 3 创建工程 → 4 评价展示

阶段	工作子步骤	教师活动	学生活动	评价
创建工程	6. 采购付款申请、确认、支付功能开发	10. 根据采购订单支付任务书，讲解重点要求（完成后更新供应商的支付金额）； 11. 发布操作任务； 12. 巡查指导； 13. 让学生展示自己的系统并点评	10. 学习采购订单支付重点，并在任务书做笔记； 11. 学生用 .NET 设计采购支付界面并开发此功能模块； 12 完成过程中可提问； 13. 展示自己的界面，并记录教师提出的建议	

课时： 18 课时
1. 硬资源：商务软件开发工作站（CPU:i5 三代或以上，内存：8 G 或以上，硬盘：500 G 或以上）、纸、笔。
2. 软资源：Office 工具软件、单数据库应用与模型设计工作页、Visio。
3. 教学设施：教学计算机、投影、白板、音响、话筒等

阶段	工作子步骤	教师活动	学生活动	评价
评价展示以及反馈	制作成果汇报 PPT	1. 讲授 PPT 基础知识； 2. 发布制作 PPT 任务； 3. 指导成果 PPT 内容要点； 4. 发布 ppt 成果演讲要求； 5. 让学生上台汇报成果 PPT 及感想； 6. 做总结	1. 学习关于 PPT 基础知识； 2. 独立上网查找 PPT 模板进行制作； 3. 用 Office 制作成功汇报 PPT； 4. 独自思考如何汇报成果； 5. 上台汇报； 6. 记录总结要点	1. 教师点评：PPT 内容是否丰富，是否有页面效果，是否具备基本的沟通表达能力； 2. 互评：PPT 制作是否美观，沟通是否顺畅

课时： 4 课时
1. 硬资源：商务软件开发工作站（CPU:i5 三代或以上，内存：8 G 或以上，硬盘：500 G 或以上）、纸、笔。
2. 软资源：Office 工具软件、单数据库应用与模型设计工作页、Visio、UML 建模工具等。
3. 教学设施：教学计算机、投影、白板、音响、话筒等

学习任务 2：优化网络分销管理软件

任务描述

学习任务学时：60 课时

任务情境

某企业需要开发一套简单的网络分销软件，解决目前供应商门户、采购部分、财务部门、收货部门的基本业务需求，具体的需求如下。

1. 基础数据管理

该企业多年的发展已经积累了大量的基础数据，包括静态数据和动态数据，具体为商品数据、客户数据、用户数据、供应商数据等。要求开发数据维护页面，便于管理员进行数据维护。

2. 系统登录模块

该企业需要将一些数据或者业务开放给不同的用户，同时允许访客进入系统了解企业的信息，要求后台已经赋权限的用户能顺利登录，没有权限的用户需要进行注册，注册的默认权限是访客。

3. 采购业务模块

采购是分销的核心模块，该企业多年来根据人工分配采购订单，效率低下，保存、查询困难。要求开发一套采购业务软件，使采购员可以登录系统录入采购订单，部门经理根据需求进行审核，审核完成后发送给供应商，并可根据供应商的发运单进行收货。所有的单据都需要以电子档的形式保存。

4. 发货业务模块

发货业务平台是给供应商的门户，供应商可接收该企业发送过来的采购订单，根据实际的生产能力进行确认，在收到该企业的付款凭证后新增发运单。

5. 付款业务模块

付款业务指企业的采购部门在采购订单生效后需要准备付款合同，并发放货款。

具体要求见下页。

用户数据
供应商数据
商品数据
客户数据

工作流程和标准

工作环节 1

设计菜单权限的 ER 图

1

分析与理解菜单与用户的关系，绘制 ER 关系图。

主要成果：

ER 关系图

工作环节 2

创建数据库与数据字典

2

根据 ER 图创建数据库与数据字典并进行优化。

主要成果：

数据库文件、数据字典

工作环节 3

创建视图

3

使用 SQL Server 语句创建一个视图。

主要成果：

视图文件：vw_MenuPage、vw_RoleMenu、vw_UserMenu

学习任务 2：优化网络分销管理软件

工作环节 4

创建工程

4

创建 DCM 系统的页面信息界面、DCM 系统的菜单窗体、DCM 系统的角色菜单、DCM 系统的商品采购分类报表（柱形图、饼状图）。

主要成果：

页面信息界面执行文件、菜单窗体执行文件、角色菜单执行文件、商品采购分类报表执行文件

工作环节 5

评价展示以及反馈

5

制作成果汇报 PPT。

主要成果：

成果汇报 PPT

课程 5.BS 软件开发

学习内容

知识点	1.1 ER 关系图的理论与编辑方法； 1.2 表与表之间的关系； 1.3 绘制 ER 关系图的方法	2.1 数据库创建的知识与方法； 2.2 SQL Server 基本语法与数据库基础； 2.3 知识（表、字段、类型等）； 2.4 数据库设计技巧； 2.5 设计数据字典	3.1 数据库视图的创建知识与方法； 3.2 视图创建过程中表与表之间的关系	4.1 C# 语言的基本知识和编程语法； 4.2 面向对象技术进行程序设计； 4.3 .Net 平台软件开发、基本操作、常用功能
技能点	1.1 网络分销管理系统 E-R 图的绘制	2.1 使用 SQL Server 各种版本进行数据库进行表创建、查询、删除、设计等技能； 2.2 Power Design 数据库设计工具； 2.3 网络分销管理系统的数据库设计	3.1 使用 SQL Server 软件进行视图的创建， 3.2 使用 SQL Server 语句进行视图的创建	4.1 正确使用 .NET 平台进行软件开发； 4.2 使用 Eclipse 开发工具完成优化网络分销管理软件开发工作； 4.3 对项目进行源代码管理和版本控制
工作环节	工作环节 1 设计菜单权限的 ER 图	工作环节 2 创建数据库与数据字典	工作环节 3 创建视图	
优化网络分销管理软件	1.1 分析与理解菜单与用户关系，绘制 ER 关系图	2.1 根据 ER 关系图设计权限管理的数据表、数据字典	3.1 使用 SQL Server 语句创建一个视图	4.1 创建 DCM 系统的页面信息界面
成果	1.1 ER 关系图	2.1 数据库文件、数据字典	3.1 视图文件： vw_MenuPage、 vw_RoleMenu、 vw_UserMenu	4.1 页面信息界面执行文件
素养	1.1 遵守软件开发数学设计的保密协议；遵循安全的数据库设计原则	2.1 遵守软件开发数学设计的保密协议；遵循安全的数据库设计原则	3.1 遵守软件开发数学设计的保密协议；遵循安全的数据库设计原则	4.1 遵守软件开发行业的代码保密协议；软件开发过程中正确使用注释

学习任务 2：优化网络分销管理软件

5.1 界面控件下拉框数据联动； 5.2 界面控件文本框自动获取数据	6.1 权限菜单； 6.2 菜单结合数据库动态列出，并以树状形式展现	7.1 柱形图报表； 7.1 图报表； 7.1 表查询	8.1 PPT 的基本知识
5.1 正确使用 .NET 平台进行软件开发； 5.2 实现新增、刷新、搜索、翻页功能	6.1 正确使用 .NET 平台进行软件开发； 6.2 实现一个角色多个或单个菜单	7.1 正确使用 .NET 平台进行软件开发； 7.2 实现柱形图、饼状图报表，并按照时间条件查询	8.1 PPT 的制作方法与技巧； 8.2 强化沟通表达意识； 8.3 展示出开发的系统的所有内容； 8.4 语言表达、演示方式、礼仪礼貌、演讲技巧

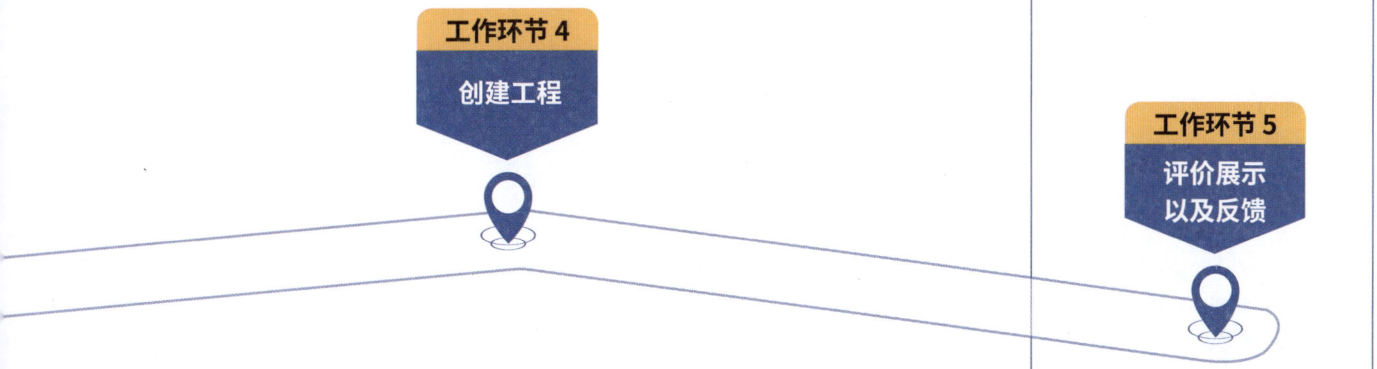

5.1 创建 DCM 系统的菜单窗体	6.1 创建 DCM 系统的角色菜单	7.1 创建 DCM 系统的商品采购分类报表（柱形图、饼状图）	8.1 制作成果汇报 PPT
5.1 菜单窗体执行文件	6.1 角色菜单执行文件	7.1 商品采购分类报表执行文件	8.1 成果汇报 PPT
5.1 遵守软件开发行业的代码保密协议；软件开发过程中正确使用注释	6.1 遵守软件开发行业的代码保密协议；软件开发过程中正确使用注释	7.1 遵守软件开发行业的代码保密协议；软件开发过程中正确使用注释	8.1 养成项目建模的习惯，建模标准化以及注释清晰； 8.2 各种沟通技巧以及团队合作技巧

BS 软件开发

课程 5.BS 软件开发

学习任务 2：优化网络分销管理软件

1 设计菜单权限的 ER 图 → 2 创建数据库与数据字典 → 3 创建视图 → 4 创建工程 → 5 评价展示以及反馈

设计菜单权限的 ER 图

工作子步骤	教师活动	学生活动	评价
分析、理解菜单与用户关系，绘制 ER 关系图	1. 讲授 ER 关系图的理论与编辑方法； 2. 发布查询任务； 3. 讲授表与表之间的关系； 4. 发布操作任务； 5. 讲授如何绘制 ER 关系图； 6. 发布操作任务； 7. 巡查指导； 8. 让学生各自分享感想； 9. 提问学生掌握任务书中的要素包含	1. 学习 ER 关系图的理论与编辑方法并做笔记； 2. 独立上网查找什么是 ER 关系图； 3. 记笔记； 4. 用 Visio 画出大概的关系图； 5. 学习如何绘制 ER 关系图并做笔记； 6. 创建并读懂数据字典，绘制 ER 关系图； 7. 设计过程中进行提； 8. 分享关系图以及出现的问题和思考； 9. 回答任务书中包含的要素	1. 教师点评：ER 图表与表之间的关系是否正确； 2. 学生回答任务书中包含的要素，教师抽答点评

课时： 4 课时

1. 硬资源：商务软件开发工作站（CPU:i5 三代或以上，内存：8 G 或以上，硬盘：500 G 或以上）、纸、笔等。
2. 软资源：Office 工具软件、单数据库应用与模型设计工作页、Visio、Power Design 等。
3. 教学设施：教学计算机、投影、白板、音响、话筒等

创建数据库与数据字典

工作子步骤	教师活动	学生活动	评价
根据 ER 关系图设计权限管理的数据表、数据字典	1. 数据库创建的知识与方法； 2. 发布查询任务； 3. 讲授基本语法与数据库基础知识(表、字段、类型等)； 4. 发布操作任务； 5. 巡查指导； 6. 让学生分享操作感想； 7. 介绍数据字典设计要点； 8. 提问学生掌握任务书中包含的要素问题	1. 学习数据库创建的知识与方法； 2. 独立上网查找 SQL Server 的语法知识； 3. 记笔记； 4. 用 SQL Server 数据库进行数据库操作； 5. 设计过程中进行提问； 6. 分享操作问题及思考； 7. 小组记录任务书要点； 8. 回答任务书中包含的要素	1. 教师点评：数据字典是否描述清晰，字段类型是否有误； 2. 学生回答任务书中的要素问题，教师抽答点评

课时： 4 课时

1. 硬资源：商务软件开发工作站（CPU:i5 三代或以上，内存：8 G 或以上，硬盘：500 G 或以上）、纸、笔等。
2. 软资源：Office 工具软件、单数据库应用与模型设计工作页、Visio、Power Design 等。
3. 教学设施：教学计算机、投影、白板、音响、话筒等

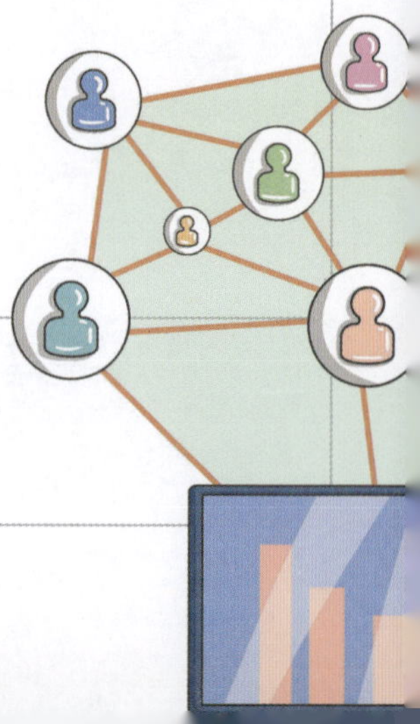

基准学时：60

1 设计菜单权限的 ER 图 → 2 创建数据库与数据字典 → 3 创建视图 → 4 创建工程 → 5 评价展示以及反馈

创建视图

工作子步骤	教师活动	学生活动	评价
使用 SQL Server 语句创建一个视图	1. 讲授数据库视图的创建知识与方法; 2. 发布查询任务; 3. 教师讲授视图创建过程中表与表之间的关系; 4. 发布操作任务; 5. 让学生各自分享操作感想; 6. 介绍创建视图的要点; 7. 提问学生掌握任务书中包含的要素	1. 学习数据库视图的创建知识与方法; 2. 独立上网查找视图创建的 SQL Server 语句构成; 3. 思考创建视图中设计的表，并画出关联图; 4. 用 SQL Server 数据库进行视图的创建; 5. 分享操作问题及思考; 6. 小组记录任务书要点; 7. 回答任务书中包含的要素	1. 教师点评：视图创建手是否能查询到所关联的表格数据; 2. 学生回答任务书中的要素问题，教师抽答点评

课时：4 课时

1. 硬资源：商务软件开发工作站（CPU:i5 三代或以上，内存：8 G 或以上，硬盘：500 G 或以上）、纸、笔等。
2. 软资源：Office 工具软件、单数据库应用与模型设计工作页、Visio、Power Design、SQL Server(使用最新版本) 等。
3. 教学设施：教学计算机、投影、白板、音响、话筒等

创建工程

工作子步骤	教师活动	学生活动	评价
1. 创建 DCM 系统的页面信息界面	1. 讲授 C# 语言的基本知识和编程语法、面向对象技术进行程序设计、面向对象技术进行程序设计; 2. 发布查询任务; 3. 讲授 .NET 平台软件开发、基本操作、常用功能; 4. 介绍页面信息功能必须符合的要求（数据管理 10 条记录 / 页; 具有首页、上一页、当前页、总页数、下一页、尾页按钮以及实现它们的功能）; 5. 巡查指导; 6. 让学生各自分享操作感想; 7. 介绍页面信息功能需注意的问题并让学生完善; 8. 提问学生掌握任务书中包含的要素	1. 学习 C# 语言的基本知识和编程语法、面向对象技术进行程序设计、面向对象技术进行程序设计 2. 独立上网查找 C# 编写规范; 3. 学生记笔记，并用 .NET 平台操作; 4. 根据要求，开发页面信息功能; 5. 发现问题并进行提问; 6. 分享操作问题及思考; 7. 记录问题并完善功能模块; 8. 回答任务书中包含的要素	1. 教师点评：页面信息界面是否合理，排版是否美观实用且人性化；功能是否能实现新增、删除、修改、查询以及翻页操作; 2. 学生回答任务书中包含的要素，教师抽答点评

课时：12 课时

1. 硬资源：商务软件开发工作站（CPU:i5 三代或以上，内存：8 G 或以上，硬盘：500 G 或以上）、纸、笔等。
2. 软资源：Office 工具软件、工作页、VEclipse、SQL Server(使用最新版本) 等。
3. 教学设施：教学计算机、投影、白板、音响、话筒等

课程 5.BS 软件开发

学习任务 2：优化网络分销管理软件

1 设计菜单权限的 ER 图 → 2 创建数据库与数据字典 → 3 创建视图 → 4 创建工程 → 5 评价展示以及反馈

创建工程

工作子步骤	教师活动	学生活动	评价
2. 创建 DCM 系统的菜单窗体	1. 讲授界面控件下拉框数据联动中的技术要点； 2. 发布查询任务； 3. 讲授界面控件文本框自动获取数据的技术要点； 4. 介绍菜单窗体功能必须符合的要求（Page: 下拉数据，数据源来自 Page 信息表、Parent Page: 父菜单。也就是菜单的归属，这里与 Page 联动，联动条件：Page 的 Link 为空需要清空父菜单数据源的数据，也就是没有数据可选）； 5. 巡查指导； 6. 让学生分享操作感想； 7. 介绍菜单窗体功能需注意的问题并让学生完善； 8. 提问学生掌握任务书中包含的要素	1. 学习界面控件下拉框数据联动并做笔记； 2. 独立上网查找下拉框数据联动代码写法； 3. 学习界面控件下拉框数据联动并做笔记； 4. 根据要求，开发菜单窗体功能； 5. 发现问题并进行提问； 6. 分享操作问题及思考； 7. 记录问题并完善功能模块； 8. 回答任务书中包含的要素	1. 教师点评：页面信息界面是否合理，排版是否美观实用且人性化功能是否能下拉框数据联动功能； 2. 学生回答任务书中包含的要素，教师抽答点评

课时： 8 课时

1. 硬资源：商务软件开发工作站（CPU:i5 三代或以上，内存：8 G 或以上，硬盘：500 G 或以上）、纸、笔等。
2. 软资源：Office 工具软件、工作页、VEclipse 开发套件、SQL Server(使用最新版本) 等。
3. 教学设施：教学计算机、投影、白板、音响、话筒等

工作子步骤	教师活动	学生活动	评价
3. 创建 DCM 系统的角色菜单	1. 讲授权限菜单的技术要点； 2. 发布查询任务； 3. 讲授菜单动态获取以及树状展现的技术要点； 4. 介绍角色菜单功能必须符合的要求（左侧数据表每行需包含选项框、右侧的菜单需结合数据库动态列出，并以树状形式展现）； 5. 巡查指导； 6. 让学生分享操作感想； 7. 介绍角色菜单功能需注意的问题并让学生完善； 8. 提问学生掌握任务书中包含的要素	1. 学习权限菜单技术要点并做笔记； 2. 独立上网查找权限菜单的具体用处； 3. 学习菜单动态获取以及树状展现并做笔记； 4. 根据要求，开发角色菜单功能； 5. 发现问题并进行提问； 6. 分享操作问题及思考； 7. 记录问题并完善功能模块； 8. 回答任务书中包含的要素	1. 教师点评：页面信息界面是否合理，排版是否美观实用且人性化，功能是否能实现菜单动态获取以及树状展现； 2. 学生回答任务书中包含的要素，教师抽答点评

课时： 8 课时

1. 硬资源：商务软件开发工作站（CPU:i5 三代或以上，内存：8 G 或以上，硬盘：500 G 或以上）、纸、笔等。
2. 软资源：Office 工具软件、工作页、VEclipse 开发套件、SQL Server(使用最新版本) 等。
3. 教学设施：教学计算机、投影、白板、音响、话筒等

基准学时：60

1 设计菜单权限的 ER 图 → 2 创建数据库与数据字典 → 3 创建视图 → 4 创建工程 → 5 评价展示以及反馈

	工作子步骤	教师活动	学生活动	评价
创建工程	4. 创建 DCM 系统的商品采购分类报表（柱形图、饼状图）	1. 讲授柱形图报表的技术要点； 2. 讲授饼状图报表的技术要点； 3. 介绍商品采购分类报表功能必须符合的要求（需要时间查询条件、横坐标显示商品的分类，纵坐标显示采购数量统计、按百分比显示各项分类的统计）； 4. 巡查指导； 5. 让学生分享操作感想； 6. 介绍商品采购分类报表功能需注意的问题并让学生完善； 7. 提问学生掌握任务书中包含的要素	1. 学习柱形图报表技术要点并做笔记； 2. 学习饼状图报表技术要点并做笔记； 3. 根据要求，开发商品采购分类报表功能； 4. 发现问题并进行提问； 5. 分享操作问题及思考； 6. 记录问题并完善功能模块； 7. 回答任务书中包含的要素	1 教师点评：页面信息界面是否合理，排版是否美观实用且人性化，功能是否能实现柱形图、饼状图报表，并按照时间条件查询； 2 学生回答任务书中包含的要素，教师抽答点评
	课时： 16 课时 1. 硬资源：商务软件开发工作站（CPU:i5 三代或以上，内存：8 G 或以上，硬盘：500 G 或以上）、纸、笔等。 2. 软资源：Office 工具软件、工作页、VEclipse 开发套件、SQL Server(使用最新版本) 等。 3. 教学设施：教学计算机、投影、白板、音响、话筒等			
评价展示以及反馈	制作成果汇报 PPT	1. 讲授 PPT 基础知识； 2. 发布制作 PPT 任务； 3. 指导成果 PPT 内容要点； 4. 发布 PPT 成果演讲要求； 5. 让学生上台汇报成果 PPT 及感想； 6. 做总结	1. 学习关于 PPT 基础知识； 2. 独立上网查找 PPT 模板进行制作； 3. 用 Office 制作成功汇报 PPT； 4. 独自思考如何汇报成果； 5. 上台汇报； 6. 记录总结要点	1. 教师点评：PPT 内容是否丰富，是否有页面效果，是否具备基本的沟通表达能力； 2. 互评：PPT 制作是否美观，沟通是否顺畅
	课时： 4 课时 1. 硬资源：商务软件开发工作站（CPU:i5 三代或以上，内存：8 G 或以上，硬盘：500 G 或以上）、纸、笔等。 2. 软资源：OFFICE 工具软件、单数据库应用与模型设计工作页、Visio、UML 建模工具等。 3. 教学设施：教学计算机、投影、白板、音响、话筒等			

考核标准

考核任务案例：浏览器服务器商务系统开发

任务描述

某企业为了加大公司的信息化管理，决定运用信息手段来管理企业的销售，开发一套系统，该系统必须使用浏览器服务器的模式。该系统让管理人员可以及时查询、管理商品，管理员工信息、财务信息、管理 库存等，还可以对销售业绩、销售财务进行一些统计工作。

考核要点

（1）提供数据字典和功能概要设计（10%）。

（2）实现浏览器服务端的架构（30%）。

（3）使用单元测试及功能测试手段，对软件开发成果进行测试（10%）。

（4）完整系统要求使用组合条件查询数据（10%）。

（5）完整系统要求数据分析与统计报表，要求有图形化的呈现（10%）。

（6）完整系统要求良好的代码编写规范（5%）。

（7）所有交付用户的成果必须符合用户的要求（20%）。

（8）任务过程中体现应有的职业素养（5%）。

过程性测评模式（30%）

1. 输出成果（70%）。
2. 平时考勤（10%）。
3. 学习态度（20%）。

说明：权值按学时比例分布。

终结性测评模式（70%）

1. 收集输出成果、评分标准。
2. 学生分工展示作品（2 人 / 组）：PPT 讲解、软件演示。
3. 企业导师提问、学生答辩、任课老师补充。
4. 统一评分：任课老师（70%）、企业导师 / 行业专家（30%）。

参与测评人员

过程性测评：任课老师。

终结性测评：任课老师、企业导师、行业专家。

参考资料

完成上述任务时，学生可以使用参考教材、以往的任务书、工作日志等参考资料。

课程 6.App 软件开发　　课时：120

学习任务 1
开发基于 Android 的网络分销管理应用软件（DCM）
（60）学时

学习任务 2
应用控件类库和设计模式完善网络分销管理软件
（60）学时

课程目标

完成本工作任务后，学生能够完成移动端设备软件开发的工作，如使用 Eclipse、SQLite 等开发工具进行软件源代码的编写、软件界面 UI 的设计、软件的调试测试、数据库创建等工作，养成良好的职业素养，具体目标如下。

1. 与主管和用户有效沟通，明确用户需求。
2. 根据用户需求编写用户需求说明书。
3. 根据用户说明书编写详细的开发说明书。
4. 根据开发说明书中的数据要求，使用 SQLite 搭建软件的数据库。
5. 根据开发说明书中的功能要求，使用 Eclipse 编写出软件源代码，设计出用户界面 UI，并完成软件的调试与测试。
6. 在完成任务的过程中，体现良好的职业素养和认真负责的态度，工作中遵守所在企业和用户企业的管理规范。
7. 提升产品的使用便利性，注重客户体验。

课程内容

对照课程目标，学生应当理解掌握以下知识、技能及职业素养。

1. 网络分销的业务知识。
2. 掌握 Android 平台软件开发、基本操作、常用功能及 Java 在 Android 平台上使用的语法。
3. 学习 SQL Server 基础语法、数据创建与使用，控件数据绑定及数据库管理工具。
4. 微软平台软件开发、基本操作、常用功能、在移动终端开发的语法。
5. 使用 SQLite 数据库工具搭建移动端软件的数据库。
6. 移动终端的界面 UI 设计。
7. 系统的测试和 DEBUG 修改。
8. 学习如何使用及管理数据库。
9. 掌握关键信息搜索技巧。
10. 注重产品的使用便利性和客户体验。

学习任务 1：开发基于 Android 的网络分销管理应用软件（DCM）

任务描述

学习任务学时：60 课时

任务情境

移动商务软件是指移动端设备上运行的软件，其开发环境是基于 .NET 的，具体用到的开发工具有 VS2010 版本以上的微软 VISUAL STUDIO 开发平台，另外需要搭载 JDK 等模块。

移动商务软件的开发过程中，需要根据客户的要求设计好软件的功能模块需求、用户界面 UI、业务逻辑、数据库结构，以满足客户的需求，然后使用开发工具进行源代码的编写、移动软件界面 UI 的设计，同时用 SQL Server 搭建数据库结构，完成 Mobile 移动商务软件的开发。

移动商务软件开发的从业人员领取任务书后，先与主管沟通了解客户的开发需求，制定需求分析说明书，然后编写详细开发说明书，再根据详细开发说明书的数据要求，使用 SQL Server 数据库搭建数据库结构，最后根据详细开发说明书功能模块要求，使用开发工具进行源代码的编程和界面设计，并调试测试。主要任务要求如下。

1. 与主管和用户有效沟通，明确用户需求。

2. 根据用户需求编写用户需求说明书。

3. 根据用户需求说明书编写详细开发说明书。

4. 根据详细开发说明书的数据要求，搭建软件的数据库。

5. 根据详细开发说明书的功能要求，编写出软件的源代码，设计用户界面 UI，并完成软件的调试与测试。

具体要求见下页。

工作流程和标准

工作环节 1

获取需求

1

从项目主管处获取开发“网络分销管理系统”模块功能任务，读懂需求文档，明确功能要求，列出功能点，编写“网络分销管理系统”系统功能列表文档。

主要成果：

功能列表文档

工作环节 2

系统设计

2

1. 了解业务流程图的技术信息，根据输入、输出要求，绘制业务流程图。
2. 运用所学的知识及经验，完善并设计出符合客户要求的网络分销管理系统数据库。
3. 根据所编写的数据字典来创建数据表。

主要成果：

业务流程图、网络分销管理系统数据库字典、SQL Server 数据库文件

工作环节 3

功能实现

3

1. 根据用户需求实现系统登录注册功能。
2. 根据用户需求实现商品管理模块开发。
3. 根据用户需求实现采购管理模块开发。
4. 根据用户需求实现库存管理模块开发。

主要成果：

登录注册功能执行文件和程序、商品管理功能执行文件和程序、采购管理功能执行文件和程序、库存管理功能执行文件和程序

工作环节 4

软件测试

4

完成系统的开发后，对应用系统进行测试，并编写测试文档。

主要成果：

功能测试文档

工作环节 5

评价展示

5

制作成果汇报 PPT

主要成果：

成果汇报 PPT

课程 6.App 软件开发

学习内容

知识点	1.1 软件开发流程； 1.2 需求文档概念和内容； 1.3 需求文档内容的提取方法	2.1 流程图的概念、标准符号解析； 2.2 流程图的绘制方法	3.1 数据库创建的知识与方法； 3.2 表字段的创建、视图创建和存储过程的创建； 3.3 数据库字段命名要符合行业规范； 3.4 数据库的脚本生成； 3.5 数据库的脚本执行	4.1 登录、注册界面设计； 4.2 界面的美观友好、功能的人性化； 4.3 用户输入登录 ID 和登录密码的文本框； 4.4 登录窗体没有最大化、最小化和关闭按钮； 4.5 登录失败超过三次提示用户
技能点	1.1 能从需求文档中提取功能点； 1.2 制作功能列表文档	2.1 能绘制网络分销工作流程图	3.1 创建网络分销管理系统数据库； 3.2 创建网络分销管理系统数据表	4.1 用户和密码输入框校验； 4.2 登录、退出与数据库配置； 4.3 WinForm 布局合理； 4.3 密码非明文显示
 工作环节	工作环节 1 获取需求	系统设计 工作环节 2		
成果	1.1 功能列表文档	2.1 业务流程图	3.1 数据库和数据表	4.1 登录注册功能
素养	1.1 在与客户和业务主管等相关人员进行沟通的过程中，培养与人沟通的能力； 1.2 在阅读任务书及记录任务书关键内容的工作过程中，培养阅读理解及提取关键信息的能力	在完善数据库的工作过程中，培养分析、决策能力		4.1 在按照工作计划和工作流程完成软件开发和软件维护工作过程中，培养敬业、精业、严谨、规范、用户至上的工匠精神

学习任务 1：开发基于 Android 的网络分销管理应用软件（DCM）

5.1 语言的基本知识和编程语法； 5.2 面向对象技术进行程序设计； 5.3 .NET 平台软件开发	6.1 .NET 平台基本操作、常用功能； 6.2 UI 设计； 6.3 多表关联	7.1 视图的创建、修改、删除以及使用方法； 7.2 Insert、Update、Delete 基本语法	8.1 测试的方法和技巧； 8.2 测试文档的编写方法； 8.3 黑盒测试； 8.4 白盒测试	9.1 PPT 的制作方法与技巧； 9.2 强化沟通表达意识
5.1 查询商品信息业务逻辑； 5.2 修改商品信息业务逻辑； 5.3 新增商品信息业务逻辑； 5.4 删除商品信息业务逻辑	6.1 采购申请业务逻辑； 6.1 采购验收业务逻辑； 6.1 付款申请业务逻辑； 6.1 供应商信息维护业务逻辑	7.1 入库管理业务逻辑； 7.2 出库管理业务逻辑； 7.3 移库管理业务逻辑； 7.4 盘点管理业务逻辑	8.1 编写网络分销管理系统测试文档； 8.2 软件测试及纠错	9.1 根据软件成果制作 PPT； 9.2 介绍软件界面及主要功能； 9.3 操作演示软件

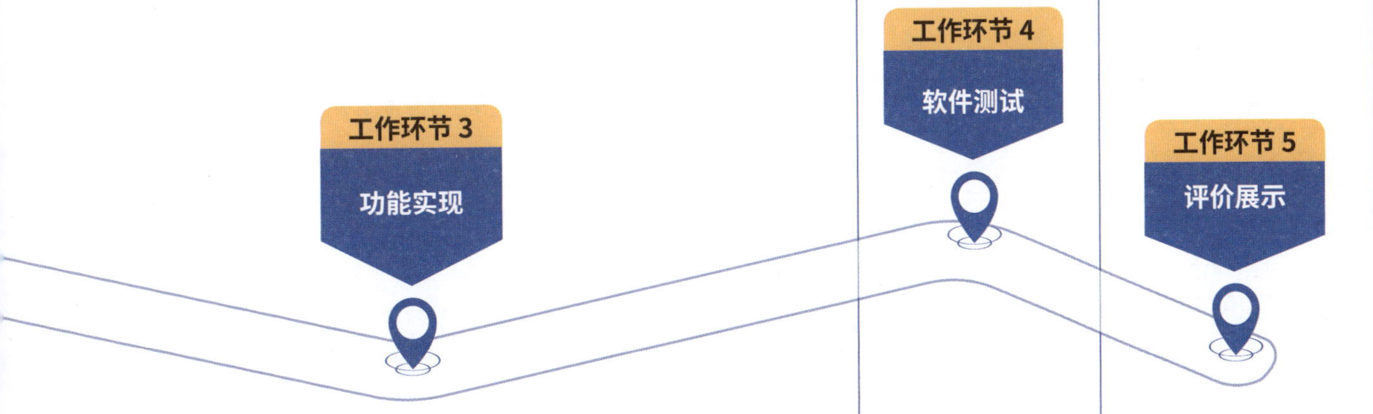

5.1 商品管理模块开发	6.1 采购管理模块开发	7.1 库存管理模块开发	8.1 功能测试文档	9.1 成果汇报 PPT
5.1 在按照工作计划和工作流程完成软件开发和软件维护工作过程中，培养敬业、精业、严谨、规范、用户至上的工匠精神	6.1 在按照工作计划和工作流程完成软件开发和软件维护工作过程中，培养敬业、精业、严谨、规范、用户至上的工匠精神	7.1 在按照工作计划和工作流程完成软件开发和软件维护工作过程中，培养敬业、精业、严谨、规范、用户至上的工匠精神	8.1 在软件功能检测的工作过程中，培养敬业、精业、严谨、规范、用户至上的工匠精神； 8.2 在对软件测试的工作过程中，培养辨识问题、解决问题的能力； 8.3 在编写测试报告的工作过程中，培养文书撰写能力	9.1 在评价展示工作过程中，培养汇报撰写能力和口头表达能力

App 软件开发

课程 6.App 软件开发

学习任务 1：开发基于 Android 的网络分销管理应用软件（DCM）

1 获取需求　2 系统设计　3 功能实现　4 软件测试　5 评价展示

获取需求

工作子步骤	教师活动	学生活动	评价
1. 从项目主管处获取开发“网络分销管理系统”模块功能任务，读懂需求文档	1. PPT 展示、讲解学习任务描述； 2. 引导问题：该如何完成本任务？鼓励学生回答，并对回答的答案给予评价； 3. PPT 展示软件开发流程，引入软件开发的第一步工作是获取需求；演示讲解项目主管提供的需求文档,引导学生阅读、理解需求文档； 4. 布置任务：填写工作页中“需求文档理解”，对应评价表抽查学生的学习工作页完成情况	1. 观看、聆听、明确学习任务； 2. 头脑风暴，结合生活经验，思考、回答老师提出的口头问题； 3. 聆听教师的讲解，理解需求文档的技术信息； 4. 回答学习工作页中有关需求文档方面的问题，根据教师的评价反馈，及时更改	1. 教师对学生的口头答案进行及时反馈评价； 2. 检查学生的学习工作页完成情况（是否按时、按质、按量完成）

课时： 2 课时

1. 硬资源：商务软件开发学习工作站、展板、笔、纸等。
2. 软资源：《网络分销业务流程资料》《C# 高级编程（第 9 版）》《移动商务软件系统开发》工作页、PPT 课件等

工作子步骤	教师活动	学生活动	评价
2. 读懂需求文档，明确功能要求，列出功能点，编写“网络分销管理系统”系统功能列表文档	1. 情境导入：×× 的原奶资源十分丰富，但问题在于远离消费市场，必须解决产品的远距离运输和市场投放等问题，决定开发一套网络分销管理系统；该系统需具有商品管理，采购管理，销售管理等功能；运行系统，引导学生观察系统演示； 2. 发放项目需求文档给学生，引导学生阅读需求文档； 3. 讲解、演示“功能列表文档”的编写要求（行业规范、核心内容等）； 4. 引导学生把握功能列表文档的重点内容； 5. 布置任务：填写学习工作页（功能列表文档部分）	1. 观看系统演示效果； 2. 获取项目需求文档，在教师的引导下阅读需求文档； 3. 跟着教师的思维，理解、体会功能点的提取方法； 4. 学习功能列表文档的编写要求； 5. 根据对系统运行的初步感受，在教师的指导下完成学习工作页（功能列表文档部分）的填写	教师检查学生完成的功能列表文档是否准确，要素是否齐全（输入、输出、业务逻辑）

课时： 4 课时

1. 硬资源：商务软件开发学习工作站、展板、笔、纸等。
2. 软资源：《网络分销业务流程资料》《C# 高级编程（第 9 版）》《移动商务软件系统开发》工作页、PPT 课件等

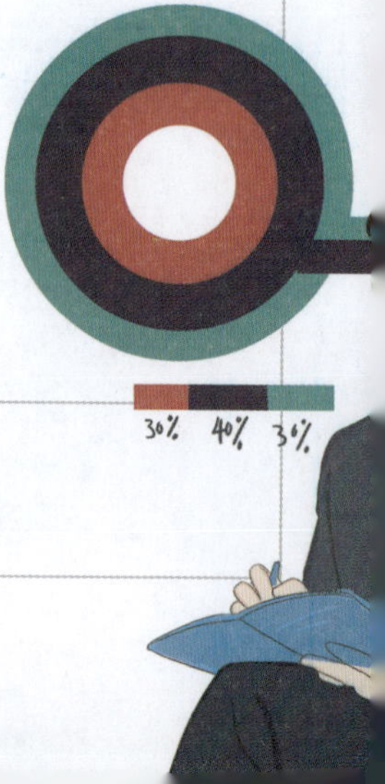

1 获取需求　2 系统设计　3 功能实现　4 软件测试　5 评价展示

系统设计

工作子步骤	教师活动	学生活动	评价
1. 了解业务流程图的技术信息，根据输入输出要求，绘制业务流程图	1. 用 PPT 课件展示问题，引导学生抢答流程图的概念、作用、标准符号等问题； 2. 引导学生进行项目业务流程分析，并将分析结果板书展示； 3. 指导学生在纸上绘制业务流程图，并填写工作页（业务流程图部分）	1. 明确“业务流程图”的编写要求； 2. 跟随教师进行项目业务流程分析，讨论出分析结果； 3. 以小组为单位讨论、编写业务流程图	1. 教师提问判断学生是否掌握流程图的概念、作用、标准符号等信息； 2. 教师点评学生编写的业务流程图是否准确（标准符号是否正确使用、业务逻辑是否合理）
课时： 2 课时 1. 硬资源：商务软件开发学习工作站、展板、笔、纸等。 2. 软资源：《网络分销业务流程资料》《C# 高级编程（第 9 版）》《移动商务软件系统开发》工作页、PPT 课件等。			
2. 运用所学的知识及经验，完善并设计出符合客户要求的网络分销管理系统数据库	1. 组织学生阅读工作页上的任务要求，提醒学生需关注的要点； 2. 讲解数据结构的概念、基础知识以及使用方法； 3. 发布任务，完善数据库设计并编写数据库字典； 4. 把收集到的数据库字典中抽样口头点评，侧重点评学生填写的内容是否符合规范	1. 阅读工作页上的任务要求根据教师要求把任务书的要点提取关键词； 2. 聆听教师讲解数据结构的概念、基础知识以及使用方法，并做笔记； 3. 思考如何完善数据库，填写并提交数据库字典； 4. 聆听教师点评，并对比自己的数据库字典，记录优缺点	1. 教师点评：数据库字典是否完整，是否合理； 2. 学生回答任务书中包含的要素，教师抽答点评
课时： 4 课时 1. 硬资源：商务软件开发学习工作站、展板、笔、纸等。 2. 软资源：《网络分销业务流程资料》《C# 高级编程（第 9 版）》《移动商务软件系统开发》工作页、PPT 课件等			
3. 根据所编写的数据字典来创建数据表	1. 讲授数据库创建的知识与方法； 2. 发布查询任务； 3. 讲授数据库备份的使用； 4. 发布操作任务； 5. 介绍表字段的创建、视图创建和存储过程的创建； 6. 讲授如何导出脚本并还原数据库脚本文件； 7. 让学生分享创建数据库的操作感想； 8. 介绍数据库脚本要点； 9. 提问学生掌握任务书中的要素	1. 学习数据库创建的知识与方法； 2. 独立上网查数据库脚本生成和执行的意义，运用场合； 3. 打开 SQL Server 数据库进行脚本生成和执行具体操作； 4. 用 SQL Server 数据库进行备份、还原； 5. 记录表字段的创建、视图创建和存储过程的创建掉要点，SQL Server 语句语法； 6. 用 Power Designer 进行数据库设计并导出脚本文件； 7. 分享操作问题及思考； 8. 小组记录要点； 9. 回答任务书中包含的要素	1. 教师点评：数据库脚本文件是否能执行成功，是否遇到执行失败的问题，如何来解决？ 2. 学生回答任务书中包含的要素，教师抽答点评
课时： 6 课时 1. 硬资源：商务软件开发学习工作站、展板、笔、纸等。 2. 软资源：《网络分销业务流程资料》《C# 高级编程（第 9 版）》《移动商务软件系统开发》工作页、PPT 课件等			

课程 6.App 软件开发

学习任务 1：开发基于 Android 的网络分销管理应用软件（DCM）

1 获取需求 → 2 系统设计 → 3 功能实现 → 4 软件测试 → 5 评价展示

功能实现

工作子步骤	教师活动	学生活动	评价
1. 实现系统登录注册功能	1. 讲授界面设计的基础知识：排版、设计； 2. 讲授 .NET 工具使用； 3. 发布操作任务； 4. 组织学生分享操作感想； 5. 介绍登录注册界面必须符合的要求； 6. 介绍登录注册功能必须符合的要求； 7. 提问学生任务书中的要素； 8. 组织学生展示自己的系统并点评	1. 学习登录注册界面设计的基础知识：排版、设计并记录； 2. 熟悉 .NET 开发工具的使用； 3. 用 .NET 设计登录注册功能设计界面； 4. 分享操作问题及思考； 5. 记录要点并检查自己设计的界面是否符合要求； 6. 根据任务书的要求，开发登录注册模块功能； 7. 回答任务书中包含的要素问题； 8. 展示自己的登录注册界面，并记录教师提出的建议	1. 功能是否能实现登录注册； 2. 学生回答任务书中包含的要素，教师抽答点评

课时： 6 课时

1. 硬资源：商务软件开发学习工作站、展板、笔、纸等。
2. 软资源：《网络分销业务流程资料》《C# 高级编程（第 9 版）》《移动商务软件系统开发》工作页、PPT 课件等

工作子步骤	教师活动	学生活动	评价
2. 商品管理模块开发	1. 讲授商品管理包含的功能模块； 2. 讲授商品管理里新的控件的使用； 3. 发布操作任务； 4. 讲授商品管理包含的功能模块里的查询商品的业务逻辑； 5. 介绍查询商品的功能要求； 6. 发布操作任务； 7. 巡查指导； 8. 讲授商品管理包含的功能模块里的修改商品的业务逻辑； 9. 介绍修改商品的功能要求； 10. 发布操作任务； 11. 巡查指导； 12. 讲授商品管理包含的功能模块里的新增商品的业务逻辑；	1. 学习商品管理包含的功能模块，并在 A4 纸上画出大概功能结构图； 2. 学生打开电脑熟悉商品管理里新控件的使用； 3. 用 .NET 设计商品管理界面； 4. 学习商品管理里的查询商品的业务逻辑，并在 A4 纸上画出大概业务逻辑图； 5. 记录要点并思考如何完成； 6. 根据任务书的要求，开发查询商品模块功能； 7. 完成过程中可提问； 8. 学习商品管理里的修改商品的业务逻辑，并在 A4 纸上画出大概业务逻辑图； 9. 记录要点并思考如何完成； 10. 根据任务书的要求，开发修改商品模块功能； 11. 完成过程中可提问； 12. 学习商品管理里的新增商品的业务逻辑，并在纸上画出大概业务逻辑图；	1. 教师点评：商品信息管理设计是否合理，功能是否实用且人性化，能否实现商品管理事件，新增删除修改查询基本的功能操作； 2. 学生回答任务书中包含的要素，教师抽答点评

1 获取需求　2 系统设计　3 功能实现　4 软件测试　5 评价展示

功能实现

工作子步骤	教师活动	学生活动	评价
2. 商品管理模块开发	13. 介绍新增商品的功能要求； 14. 发布操作任务； 15. 巡查指导； 16. 讲授商品管理包含的功能模块里删除商品的业务逻辑； 17. 介绍删除商品的功能要求； 18. 发布操作任务； 19. 巡查指导； 20. 让学生展示自己的系统并点评	13. 记录要点并思考如何完成； 14. 根据任务书的要求，开发新增商品模块功能； 15. 完成过程中可提问； 16. 学习商品管理里删除商品的业务逻辑，并在纸上画出大概业务逻辑图； 17. 记录要点并思考如何完成； 18. 根据任务书的要求，开发删除商品模块功能； 19. 完成过程中可提问； 20. 展示自己的界面，并记录教师提出的建议	
课时： 6 课时 1. 硬资源：商务软件开发学习工作站、展板、笔、纸等。 2. 软资源：《网络分销业务流程资料》《C# 高级编程（第 9 版）》《移动商务软件系统开发》工作页、PPT 课件等			
3. 实现采购管理模块开发	1. 讲授采购管理包含的功能模块； 2. 讲授采购管理里新的控件的使用； 3. 发布操作任务； 4. 讲授采购管理管理包含的功能模块里采购申请的业务逻辑； 5. 介绍采购申请的功能要求； 6. 发布操作任务； 7. 巡查指导； 8. 讲授采购管理包含的功能模块里采购验收的业务逻辑； 9. 介绍采购验收的功能要求； 10. 发布操作任务； 11. 巡查指导； 12. 讲授采购管理包含的功能模块里付款申请的业务逻辑； 13. 介绍付款申请的功能要求；	1. 学习采购管理包含的功能模块，并在 A4 纸上画出大概功能结构图； 2. 熟悉采购管理里新控件的使用； 3. 用 .NET 设计采购管理界面； 4. 学习采购管理里采购申请的业务逻辑，并在 A4 纸上画出大概业务逻辑图； 5. 记录要点并思考如何完成； 6. 根据任务书的要求，开发采购申请模块功能； 7. 完成过程中可提问； 8. 学习采购管理里采购验收的业务逻辑，并在纸上画出大概业务逻辑图； 9. 记录要点并思考如何完成； 10. 根据任务书的要求，开发采购验收模块功能； 11. 完成过程中可提问； 12. 学习采购管理里付款申请的业务逻辑，并在纸上画出大概业务逻辑图； 13. 记录要点并思考如何完成；	1 教师点评：采购管理设计是否合理，功能是否实用且人性化；能否实现采购管理事件，新增删除修改查询基本的功能操作； 2. 学生回答任务书中包含的要素，教师抽答点评

App 软件开发

学习任务 1：开发基于 Android 的网络分销管理应用软件（DCM）

1 获取需求　2 系统设计　**3 功能实现**　4 软件测试　5 评价展示

功能实现

工作子步骤	教师活动	学生活动	评价
3. 实现采购管理模块开发	14. 发布操作任务； 15. 巡查指导； 16. 讲授采购管理包含的功能模块里供应商信息维护的业务逻辑； 17. 介绍供应商信息维护的功能要求； 18. 发布操作任务； 19. 巡查指导； 20. 让学生展示自己的系统并点评	14. 根据任务书的要求，开发付款申请模块功能； 15. 完成过程中可提问； 16. 学习采购管理里的供应商信息维护的业务逻辑，并在纸上画出大概业务逻辑图； 17. 记录要点并思考如何完成； 18. 根据任务书的要求，开发供应商信息维护模块功能； 19. 完成过程中可提问； 20. 展示自己的界面，并记录教师提出的建议	
课时： 6 课时 1. 硬资源：商务软件开发学习工作站、展板、笔、纸等。 2. 软资源：《网络分销业务流程资料》《C# 高级编程（第 9 版）》《移动商务软件系统开发》工作页、PPT 课件等			
4. 实现库存管理模块开发	1. 讲授库存管理包含的功能模块； 2. 讲授库存管理里新控件的使用； 3. 发布操作任务； 4. 讲授库存管理管理包含的功能模块里入库管理的业务逻辑； 5. 介绍入库管理的功能要求； 6. 发布操作任务； 7. 巡查指导； 8. 讲授库存管理包含的功能模块里的出库管理的业务逻辑； 9. 介绍出库管理的功能要求； 10. 发布操作任务； 11. 巡查指导； 12. 讲授库存管理包含的功能模块里的移库管理的业务逻辑； 13. 介绍移库管理的功能要求；	1. 学习库存管理包含的功能模块，并在纸上画出大概功能结构图； 2. 熟悉库存管理里新的控件的使用； 3. 用 .NET 设计库存管理界面； 4. 学习库存管理里入库管理的业务逻辑，并在纸上画出大概业务逻辑图； 5. 记录要点并思考如何完成； 6. 根据任务书的要求，开发入库管理模块功能； 7. 完成过程中可提问； 8. 学习库存管理里的出库管理的业务逻辑，并在纸上画出大概业务逻辑图； 9. 记录要点并思考如何完成； 10. 根据任务书的要求，开发出库管理模块功能； 11. 完成过程中可提问； 12. 学习库存管理中的移库管理的业务逻辑，并在纸上画出大概业务逻辑图； 13. 记录要点并思考如何完成；	1. 教师点评：库存管理设计是否合理，功能是否实用且人性化；能否实现库存管理事件，新增删除修改查询基本的功能操作； 2. 学生回答任务书中包含的要素，教师抽答点评

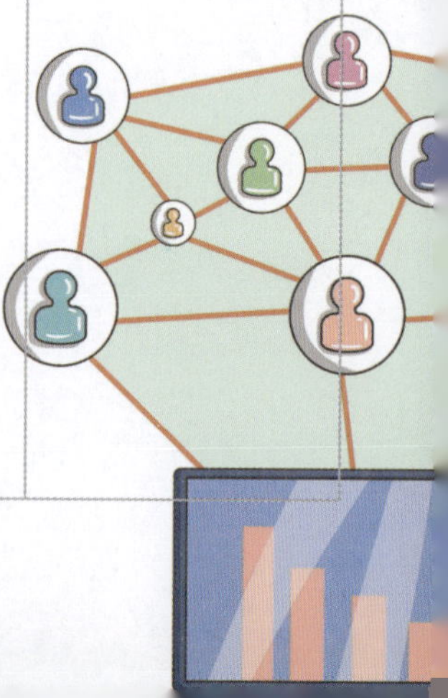

1 获取需求　2 系统设计　3 功能实现　4 软件测试　5 评价展示

	工作子步骤	教师活动	学生活动	评价
功能实现		14. 发布操作任务； 15. 巡查指导； 16. 讲授库存管理包含的功能模块里盘点管理的业务逻辑； 17. 介绍盘点管理的功能要求； 18. 发布操作任务； 19. 巡查指导； 20. 让学生展示自己的系统并点评	14. 根据任务书的要求，开发移库管理模块功能； 15. 完成过程中可提问； 16. 学习库存管理里盘点管理的业务逻辑，并在纸上画出大概业务逻辑图； 17. 记录要点并思考如何完成； 18. 根据任务书的要求，开发盘点管理模块功能； 19. 完成过程中可提问； 20. 展示自己的界面，并记录教师提出的建议	
	课时： 12 课时 1. 硬资源：商务软件开发学习工作站、展板、笔、纸等。 2. 软资源：《网络分销业务流程资料》《C# 高级编程（第 9 版）》《移动商务软件系统开发》工作页、PPT 课件等			
软件测试	完成系统的开发后，对应用系统进行测试，并编写测试文档	1. 结合一个典型的测试文档案例讲解软件测试方法； 2. 用软件测试的方法思路，引导学生编写测试用例； 3. 巡回指导，及时解决学生出现的问题，记录学生普遍存在的问题； 4. 程序测试无误后，安排小组成员将测试文档内容填入工作页中； 5. 对整个项目进行总体评价	1. 聆听理解软件测试方法； 2. 思考各种可能的入参，参照软件测试方法完成测试用例编写； 3. 组长组织小组成员对问题进行讨论，提出解决办法，并再次调试； 4. 系统测试无误后，将测试文档内容填入工作页中； 5. 根据老师的反馈信息，回顾整个项目	1. 教师巡回指导，及时反馈学生出现的问题； 2. 教师查看学生完成的开发成果，并依据任务评价表打分，进行总体评价
	课时： 6 课时 1. 硬资源：商务软件开发学习工作站、展板、笔、纸等。 2. 软资源：《网络分销业务流程资料》《C# 高级编程（第 9 版）》《移动商务软件系统开发》工作页、PPT 课件等			
评价展示	制作成果汇报 PPT	1. 展示汇报设计 PPT 示例，讲解 PPT 制作方式及技巧；讲解成果汇报内容，制作的界面，设计说明等； 2. 让学生按顺序上台汇报 PPT	1. 根据教师的提示点制作 PPT； 2. 上台汇报 PPT	1. 教师点评 PPT 制作画面是否美观； 2. 教师点评学生陈述展示时使用的专业术语是否准确、展示时的仪态是否大方得体、语言表达是否清晰流畅
	课时： 6 课时 1. 硬资源：商务软件开发学习工作站、展板、笔、纸等。 2. 软资源：《网络分销业务流程资料》《C# 高级编程（第 9 版）》《移动商务软件系统开发》工作页、PPT 课件等			

学习任务 2：应用控件类库和设计模式完善网络分销管理软件

任务描述

学习任务学时：60 课时

任务情境

网络分销管理系统已经开发完成，但是在测试阶段仍有许多 bug 需要修改。基于专业、品质、完善、服务的行业品质要求，你需要对产品进行升级完善，以保证交付给客户的产品是专业的、完善的、易用的及人性化的。

运用 .NET 开发一套基于终端应用的网络分销管理软件，设计者从用户的角度去分析和整理需求，设计数据库，编写开发设计文档；并以程序员的角度完成软件开发。主要任务要求如下。

1. 对用户需求进行分析，了解掌握相关开发技能的作用，培养技能强国的精神。

2. 根据用户需求进行系统界面优化与功能完善。

3. 根据用户需求进行应用程序的代码编写与调试。

4. 按要求提交任务成果。

5. 界面人性化、提供合适的验证和错误提示信息。

6. 所有相关的按钮 / 链接在本阶段能够运行。

7. 系统所有地方使用合适、规范的命名。

8. 每个窗体标题和功能要求的图名称一致。

9. 完善数据表结构设计，提升用户体验。

具体要求见下页。

工作流程和标准

工作环节 1

系统设计

1

1. 运用所学的知识，完善符合客户要求的网络分销系统数据库。
2. 根据修改的数据字典完善数据表。

主要成果：

网络分销管理系统数据库字典、SQL Server 数据库文件

工作环节 2

功能实现

2

1. 根据用户需求实现销售管理模块功能。
2. 根据用户需求实现财务管理模块功能。
3. 根据用户需求实现系统帮助模块功能。

主要成果：

销售管理功能执行文件和程序、财务管理功能执行文件和程序、系统帮助功能执行文件和程序

工作环节 3

软件测试

3

完成系统的开发后，对应用系统进行测试，并编写测试文档。

主要成果：

功能测试文档

工作环节 4

评价展示

4

制作成果汇报 PPT。

主要成果：

成果汇报 PPT

课程 6.App 软件开发

学习内容

知识点	1.1 数据库创建的知识与方法； 1.2 表字段的创建、视图创建和存储过程的创建； 1.3 数据库字段命名要符合行业规范； 1.4 数据库的脚本生成； 1.5 数据库的脚本执行	2.1 语言的基本知识和编程语法； 2.2 面向对象技术进行程序设计； 2.3 .NET 平台软件开发	3.1 .NET 平台基本操作、常用功能； 3.2 UI 设计； 3.3 多表关联； 3.4 多表查询
技能点	1.1 完善网络分销管理系统数据库； 1.1 完善网络分销管理系统数据表	2.1 销售订单业务逻辑； 2.2 销售跟踪业务逻辑； 2.3 销售出库业务逻辑； 2.4 客户信息维护业务逻辑	3.1 收款确认业务逻辑； 3.2 待结款项业务逻辑； 3.3 付款审批业务逻辑； 3.4 销售审批业务逻辑

工作环节

成果	1.1 数据库和数据表	2.1 销售管理模块开发	3.1 财务管理模块开发
素养	1.1 在完善数据库的工作过程中，培养分析、决策能力； 1.2 在安卓开发中体验一技之长的作用，形成技能强国信念	2.1 在按照工作计划和工作流程完成软件开发和软件维护工作过程中，培养敬业、精业、严谨、规范、用户至上的工匠精神	3.1 在按照工作计划和工作流程完成软件开发和维护工作过程中，培养敬业、精业、严谨、用户至上的工匠精神

学习任务 2：应用控件类库和设计模式完善网络分销管理软件

4.1 视图的创建、修改、删除以及使用方法； 4.2 Insert 、Update、Delete 基本语法	5.1 测试的方法和技巧； 5.2 测试文档的编写方法； 5.3 黑盒测试； 5.4 白盒测试	6.1 PPT 的制作方法与技巧； 6.2 强化沟通表达意识
4.1 帮助及用户使用手册； 4.2 关于系统	5.1 编写网络分销管理系统测试文档	6.1 PPT 的制作方法与技巧； 6.2 强化沟通表达意识

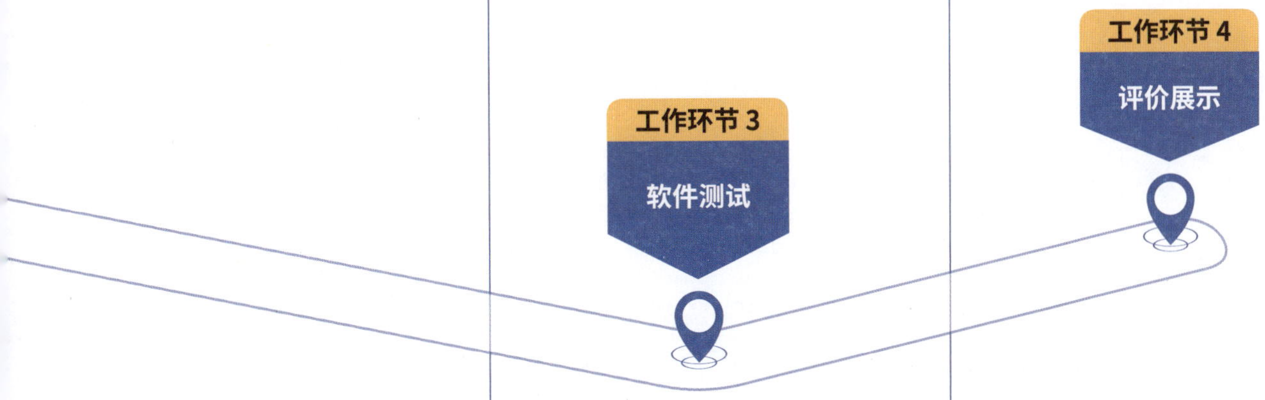

4.1 系统帮助模块开发	5.1 功能测试文档	6.1 成果汇报 PPT
4.1 在按照工作计划和工作流程完成软件开发和软件维护工作过程中，培养敬业、精业、严谨、规范、 用户至上的工匠精神	5.1 在对软件功能检测的工作过程中，培养敬业、精业、严谨、规范、用户至上的工匠精神； 5.2 在对软件测试的工作过程中，培养辨识问题、解决问题的能力； 5.3 在编写测试报告的工作过程中，培养文书撰写能力	6.1 在评价展示工作过程中，培养汇报撰写能力和口头表达能力

App 软件开发

教学活动

课程 6.App 软件开发

学习任务 2：应用控件类库和设计模式完善网络分销管理软件

❶ 系统设计 ❷ 功能实现 ❸ 软件测试 ❹ 评价展示

	工作子步骤	教师活动	学生活动	评价
系统设计	1. 运用所学的知识及经验，完善符合客户要求的网络分销系统数据库	1. 组织学生阅读工作页上的任务要求，提醒学生需关注的要点； 2. 讲解数据结构的概念、基础知识以及使用方法； 3. 发布任务，完善数据库设计并编写数据库字典； 4. 对收集到的数据库字典抽样进行口头点评，侧重点评学生填写的内容是否符合规范； 5. 组织学生查找历届技能大赛选手图片和资料，提醒学生需关注的要点； 6. 组织学生查找技能大赛相关的新闻资讯和技术文件；查找技能大赛相关的新闻资讯和技术文件； 7. 结合世界技能大赛案例讲解国家科技创新相关内容，在学生心中种下创新的种子，思考能否开发用户体验更好的网络分销管理软件； 8. 引导学生使用网络分销管理软件，提出并收集使用过程中遇到的问题； 9. 收集、分析目前常用分销管理软件的外观和功能，然后结合生活体验，头脑风暴产生新需求； 10. 根据新需求规划开发界面效果的结构图； 11. 引导学生设计合适的界面，提升用户体验，增强使用快捷性	1. 阅读工作页上的任务要求，根据教师要求将任务书的要点提取关键词； 2. 聆听教师讲解数据结构的概念、基础知识以及使用方法，并做笔记； 3. 思考如何完善数据库，填写并提交数据库字典； 4. 聆听教师点评并对比自己的数据库字典，记录优缺点； 5. 查找历届技能大赛选手图片和资料； 6. 查找技能大赛相关的新闻资讯和技术文件； 7. 思考能否开发一款比原有功能更好的管理软件； 8. 使用网络分销管理软件，寻找使用过程中遇到的问题； 9. 结合生活体验，头脑风暴产生新需求； 10. 根据新需求规划开发界面效果的结构图； 11. 设计合适的界面，提升用户体验，增强使用快捷性，制作界面效果图	1. 师点评：数据库字典是否完整，是否合理； 2. 学生回答任务书中包含的要素，教师抽答点评； 3. 引导学生头脑风暴，提出技能强国想法，树立技能强国意识

课时： 2 课时

1. 硬资源：商务软件开发学习工作站、展板、笔、A4 纸等。
2. 软资源：《网络分销业务流程资料》《C# 高级编程（第 9 版）》《移动商务软件系统开发》工作页、PPT 课件等

基准学时：60

① 系统设计 → ② 功能实现 → ③ 软件测试 → ④ 评价展示

	工作子步骤	教师活动	学生活动	评价
系统设计	2. 根据所修改的数据字典来完善数据表	1. 讲授数据库创建的知识与方法； 2. 发布查询任务； 3. 讲授数据库备份的使用； 4. 发布操作任务； 5. 介绍表字段的创建、视图创建和存储过程的创建； 6. 讲授如何导出脚本并还原数据库脚本文件； 7 让学生分享创建数据库的操作感想； 8. 介绍数据库脚本要点； 9. 提问学生掌握任务书中包含的要素	1. 学习数据库创建的知识与方法； 2. 独立上网查数据库脚本生成和执行的意义，运用场合； 3. 打开 SQL Server 数据库进行脚本生成和执行具体操作； 4. 用 SQL Server 数据库进行备份还原 5. 记录表字段的创建、视图创建和存储过程的创建掉要点，SQL Server 语句语法； 6. 用 Power Designer 进行数据库设计并导出脚本文件； 7. 分享操作问题及思考； 8. 小组记录要点； 9. 回答任务书中包含的要素	1 教师点评：数据库脚本文件是否能执行成功，是否遇到执行失败的问题，如何来解决？ 2. 学生回答任务书中包含的要素，教师抽答点评
	课时： 4 课时 1. 硬资源：商务软件开发学习工作站、展板、笔、A4 纸等。 2. 软资源：《网络分销业务流程资料》《C# 高级编程（第 9 版）》《移动商务软件系统开发》工作页、PPT 课件等			
功能实现	1. 销售管理模块开发	1 讲授销售管理包含的功能模块； 2. 讲授销售管理里新的控件的使用； 3. 发布操作任务； 4. 讲授销售管理包含的功能模块里的销售订单的业务逻辑； 5. 介绍销售订单的功能要求； 6. 发布操作任务； 7. 巡查指导 8 讲授销售管理包含的功能模块里的销售跟踪的业务逻辑； 9. 介绍销售跟踪的功能要求； 10. 发布操作任务； 11. 巡查指导；	1. 学习销售管理包含的功能模块，并在 A4 纸上画出大概功能结构图； 2. 熟悉销售管理里新控件的使用； 3. 用 .NET 设计销售管理界面； 4. 学习销售管理里的销售订单的业务逻辑，并在 A4 纸上画出大概业务逻辑图； 5. 记录要点并思考如何完成； 6. 根据任务书的要求，开发销售订单模块功能； 7. 完成过程中可提问； 8. 学习销售管理里的销售跟踪的业务逻辑，并在 A4 纸上画出大概业务逻辑图； 9. 记录要点并思考如何完成； 10. 根据任务书的要求，开发销售跟踪模块功能； 11. 完成过程中可提问；	1. 教师点评：销售管理设计是否合理，功能是否实用且人性化，能否实现销售管理，新增、删除、修改和查询等基本的功能操作； 2. 学生回答任务书中包括的要素，教师抽答点评

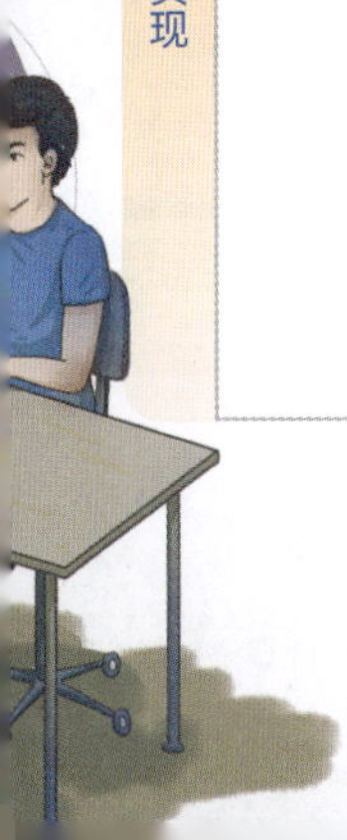

App 软件开发

课程 6.App 软件开发

学习任务 2：应用控件类库和设计模式完善网络分销管理软件

1 系统设计 → 2 功能实现 → 3 软件测试 → 4 评价展示

功能实现

工作子步骤	教师活动	学生活动	评价
1. 销售管理模块开发	12. 讲授销售管理包含的功能模块里的销售出库的业务逻辑； 13. 介绍销售出库的功能要求； 14. 发布操作任务； 15. 巡查指导； 16. 讲授销售管理包含的功能模块里客户信息维护的业务逻辑； 17. 介绍客户信息维护的功能要求； 18. 发布操作任务； 19. 巡查指导； 20. 让学生展示自己的系统并点评	12. 学习销售管理里销售出库的业务逻辑，并在 A4 纸上画出大概业务逻辑图； 13. 记录要点并思考如何完成； 14. 根据任务书的要求，开发销售出库模块功能； 15. 完成过程中可提问； 16. 听讲销售管理里的客户信息维护的业务逻辑，并在 A4 纸上画出大概业务逻辑图； 17. 记录要点并思考如何完成； 18. 根据任务书的要求，开发客户信息维护模块功能； 19. 在完成过程中可提问； 20. 展示自己的界面，并记录教师提出的建议	

课时： 12 课时

1. 硬资源：商务软件开发学习工作站、展板、笔、A4 纸等。
2. 软资源：《网络分销业务流程资料》《C# 高级编程（第 9 版）》《移动商务软件系统开发》工作页、PPT 课件等

2. 财务管理模块开发	1. 讲授财务管理包含的功能模块； 2. 讲授财务管理里新的控件的使用； 3. 发布操作任务； 4. 讲授财务管理包含的功能模块里收款确认的业务逻辑； 5. 介绍收款确认的功能要求； 6. 发布操作任务； 7. 巡查指导； 8. 讲授财务管理包含的功能模块里待结款项的业务逻辑； 9. 介绍待结款项的功能要求； 10. 发布操作任务； 11. 巡查指导； 12. 讲授财务管理包含的功能模块里付款审批的业务逻辑； 13. 介绍付款审批的功能要求； 14. 发布操作任务；	1. 学习财务管理包含的功能模块，并在 A4 纸上画出大概功能结构图； 2. 熟悉财务管理里新控件的使用； 3. 学生用 .NET 设计财务管理界面； 4. 学习财务管理里收款确认的业务逻辑，并在 A4 纸上画出大概业务逻辑图； 5. 记录要点并思考如何完成； 6. 根据任务书的要求，开发收款确认模块功能； 7. 在完成过程中可提问； 8. 学习财务管理里的待结款项的业务逻辑，并在 A4 纸上画出大概业务逻辑图； 9. 记录要点并思考如何完成； 10. 根据任务书的要求，开发待结款项模块功能； 11. 完成过程中可提问； 12. 学习财务管理里的付款审批的业务逻辑，并在 A4 纸上画出大概业务逻辑图； 13. 记录要点并思考如何完成； 14. 根据任务书的要求，开发付款审批模块功能；	1. 教师点评：财务管理设计是否合理，功能是否实用且人性化，能否实现财务管理事件，新增、删除、修改和查询等基本的功能操作； 2. 学生回答任务书中包含的要素，教师抽答点评

工作子步骤	教师活动	学生活动	评价
	15. 巡查指导； 16. 讲授财务管理包含的功能模块里的销售审批的业务逻辑； 17. 介绍销售审批的功能要求； 18. 发布操作任务； 19. 巡查指导； 20. 让学生展示自己的系统并点评	15. 完成过程中可提问； 16. 学习财务管理里销售审批的业务逻辑，并在 A4 纸上画出大概业务逻辑图； 17. 记录要点并思考如何完成； 18. 根据任务书的要求，开发销售审批模块功能； 19. 在完成过程中可提问； 20. 展示自己的界面，并记录教师提出的建议	
课时： 12 课时 1. 硬资源：商务软件开发学习工作站、展板、笔、A4 纸等。 2. 软资源：《网络分销业务流程资料》《C# 高级编程（第 9 版）》《移动商务软件系统开发》工作页、PPT 课件等			
3. 实现系统帮助模块开发	1. 讲授系统帮助包含的功能模块； 2. 讲授系统帮助里新控件的使用； 3. 发布操作任务； 4. 讲授系统帮助包含的功能模块里帮助及用户使用手册的业务逻辑； 5. 介绍帮助及用户使用手册的功能要求； 6. 发布操作任务； 7. 巡查指导； 8. 讲授系统帮助包含的功能模块里关于系统的业务逻辑； 9. 介绍关于系统的功能要求； 10. 发布操作任务； 11. 巡查指导； 12. 让学生展示自己的系统并点评	1. 学习系统帮助包含的功能模块，并在 A4 纸上画出大概功能结构图； 2. 熟悉系统帮助里新的控件的使用； 3. 用 .NET 设计系统帮助界面； 4. 学习系统帮助里的帮助及用户使用手册的业务逻辑，并在 A4 纸上画出大概的业务逻辑图； 5. 记录要点并思考如何完成； 6. 根据任务书的要求，开发帮助及用户使用手册模块功能； 7. 完成过程中可提问； 8. 学习系统帮助里关于系统的业务逻辑，并在 A4 纸上画出大概业务逻辑图； 9. 记录要点并思考如何完成； 10. 学据任务书的要求，开发关于系统模块的功能； 11. 完成过程中可提问； 12. 展示自己的界面，并记录教师提出的建议	1. 教师点评：系统帮助设计是否合理，功能是否实用且人性化，能否实现系统帮助事件，新增、删除、修改和查询等基本的功能操作； 2. 学生回答任务书中包含的要素，教师抽答点评
课时： 12 课时 1. 硬资源：商务软件开发学习工作站、展板、笔、A4 纸等。 2. 软资源：《网络分销业务流程资料》《C# 高级编程（第 9 版）》《移动商务软件系统开发》工作页、PPT 课件等			

教学活动

课程 6.App 软件开发

学习任务 2：应用控件类库和设计模式完善网络分销管理软件

1 系统设计 → 2 功能实现 → 3 软件测试 → 4 评价展示

软件测试

工作子步骤	教师活动	学生活动	评价
系统的开发后，对应用系统进行测试，并编写测试文档	1. 结合一个典型的测试文档案例讲解软件测试方法； 2. 用软件测试的方法思路，引导学生编写测试用例； 3. 巡回指导，及时解决学生出现的问题，记录学生普遍存在的问题； 4. 程序测试无误后，安排小组成员将测试文档内容填入工作页中； 5. 对整个项目进行总体评价； 6. 提问学生在制作过程中遵守了或违反了哪些规范、标准	1. 聆听理解软件测试方法； 2. 思考各种可能的入参，参照软件测试方法完成测试用例编写； 3. 组长组织小组成员对问题进行讨论，提出解决办法，并再次调试； 4. 系统测试无误后，将测试文档内容填入工作页中； 5. 根据教师的反馈信息，对整个项目做个回顾； 6. 找出在制作过程中遵守了或违反了哪些规范、标准，并回答问题	1. 教师巡回指导，及时反馈学生出现的问题； 2. 教师查看学生完成的开发成果，并依据任务评价表打分，进行总体评价； 3. 教师点评学生的答案，并要求学生学生养成遵守职业道德、行业标准的习惯

课时： 12 课时

1. 硬资源：商务软件开发学习工作站、展板、笔、A4 纸等。
2. 软资源：《网络分销业务流程资料》《C# 高级编程（第 9 版）》《移动商务软件系统开发》工作页、PPT 课件等

评价展示

工作子步骤	教师活动	学生活动	评价
制作成果汇报 PPT	1. 展示汇报设计 PPT 示例，讲解 PPT 制作方式及技巧，讲解成果汇报内容，制作的界面，设计说明等； 2. 让学生按学号顺序上台汇报 PPT	1. 根据教师的提示点制作 PPT； 2. 上台汇报 PPT	1. 教师点评 PPT 制作画面是否美观； 2. 教师点评学生陈述展示时使用的专业术语是否准确、展示时的仪态是否大方得体、语言表达是否清晰流畅； 3. 教师评价软件使用是否符合产品的客户需求和使用便利性，是否注重用户体验

课时： 6 课时

1. 硬资源：商务软件开发学习工作站、展板、笔、A4 纸等。
2. 软资源：《网络分销业务流程资料》《C# 高级编程（第 9 版）》《移动商务软件系统开发》工作页、PPT 课件等

考核标准

终结性考核任务案例：开发网络分销管理应用软件（DCM）

情境描述

某公司的原奶资源十分丰富，但工厂远离消费市场，必须解决产品的远距离运输和市场投放等问题。为此，需开发基于Android的网络分销管理应用软件（DCM）。

考核要点

1. 同客户沟通并编写出需求分析说明书（10%）。
2. 根据企业的真实情况，画出正确的业务流程和组织架构图（10%）。
3. 运用互联网等信息搜集手段进行相关信息搜集（5%）。
4. 合理设计 Mobile 终端的界面（10%）。
5. 编写出 Mobile 软件（20%）。
6. 完整的系统要求有数据分析与统计报表，并能图形化地呈现（15%）。
7. 完整、系统、良好的代码编写规范（10%）。
8. 所有交付用户的成果必须符合用户的要求（10%）。
9. 任务过程中体现应有的职业素养（10%）。

过程性测评模式（30%）

1. 输出成果（70%）。
2. 平时考勤（10%）。
3. 学习态度（20%）。

说明：权值按学时比例分布。

终结性测评模式（70%）

1. 收集输出成果、评分标准。
2. 学生分工展示作品（2人/组）：PPT讲解、软件演示。
3. 企业导师提问、学生答辩、任课老师补充。
4. 统一评分：任课老师（70%）、企业导师/行业专家（30%）。

参与测评人员

过程性测评：任课老师。

终结性测评：任课老师、企业导师、行业专家。

参考资料

完成上述任务时，学生可以使用参考教材、以往企业使用的项目书、企业真实的工作日志等参考资料。

课程 7. 团队合作软件开发

学习任务 1
开发网上商城平台功能模块
（44）学时

学习任务 2
开发网上商城物流功能模块
（36）学时

课程目标

学习完本课程后，学生应能完成商务软件开发的工作，如在系统分析过程中，完成活动图、用例图、类图、ER 图、状态图、时序图的设计，设计符合用户界面要求、安全及环境需求的数据库，依据确定的开发平台及开发语言编写代码，开发商务软件系统等工作任务，具备独立分析与解决问题的能力。具体包括以下几个方面。

1. 根据不同岗位的任务需求，分配小组内任务。

2. 与项目主管及用户有效沟通，明确用户需求。

3. 根据客户的要求，选择开发的平台及开发语言，确定开发功能模块的流程。

4. 在系统分析过程中，完成活动图、用例图、类图、ER 图、状态图、时序图。

5. 设计符合用户界面要求、安全及环境等需要的数据库。

6. 依据确定开发的平台及开发语言编写代码，开发商务软件系统。

7. 正确进行软件测试，通过单元、系统、整体、峰值及用户接受的测试方法，完成测试报告。

8. 根据系统功能及培训对象，制订培训计划，运用用户指南对用户进行培训。

9. 按照用户需求完成用户使用说明书。

课时：80

课程内容

对照本课程目标，学生应当掌握以下知识、技能及职业素养。

1. 能与主管和用户有效沟通，明确用户需求；

2. 理解面向对象的思想与设计模式；

3. 熟练掌握一种开发工具，如ASP.NET、VS.NET、Eclipse、Netbeans、JBuilder、Jdeveloper、IDEA、JCreator或者Workshop。

4. 能应用J2EE、Hibernate等流行技术，HTML、CSS等脚本语言编程。

5. 能进行系统程序测试和程序设计。

6. 能根据异常信息比较快速的定位问题的原因和大致位置进行排错。

7. 编写的代码必须符合流行的编码规范，如类名首字母大写，成员和方法名首字母小写等。

8. 在完成任务的过程中，体现良好的职业素养和认真负责的态度。任务工作流程遵守自身企业和用户企业的管理规范。

9. 保持良好的团队沟通及协作。

学习任务 1：开发网上商城平台功能模块

任务描述

学习任务学时：44 课时

任务情境

广州市工贸技师学院网上商城平台是基于某商城模式开发的一个网上商务平台，是能进行网上商品交易的综合性平台，并能进行前台和后台的管理。

商务软件开发人员先从主管处领取任务书，制订开发计划，然后运用 C# 语言及 SQL Server 数据库的基本操作完成软件开发，再运用单元测试及功能测试等软件基础测试方法对软件开发成果进行质量检验，最后还必须制作软件功能和使用方法的简介，连同软件一同交付客户。

根据任务内容，广州市工贸技师学院网上商城平台需要有前台的操作界面与后台的商城数据管理。前台的操作界面主要包括用户管理（用户的登录权限和分类）；商城的布局管理，即商品信息编辑管理、商品的分类查询、商品图片上传；用户的订单管理和用户地址查询；网上商城的界面和浏览功能；导航功能；购物车管理；订单总额计算、订单结算、支付方式；会员管理，包括订单确认和会员中心；用户资料修改及用户订单管理；配送和送货方式选择。后台可进行基本数据管理和维护。

具体要求见下页。

工作流程和标准

工作环节 1

获取任务

1

从项目主管处获取开发“开发网上商城平台功能模块”任务，读懂需求文档，明确功能要求，列出功能点，编写“开发网上商城平台功能模块”系统功能列表文档。

主要成果：

开发网上商城平台功能需求规格说明书

工作环节 2

创建数据库

2

1. 运用所学的知识，设计出符合客户要求的开发网上商城平台功能模块数据库；
2. 根据所编写的数据字典创建数据表。

主要成果：

数据字典、数据库

学习任务 1：开发网上商城平台功能模块

工作环节 3

创建工程

3

1. 创建网上商城系统的登录界面。
2. 用户注册功能开发。
3. 创建客户、用户、商品管理功能。
4. 设计网上商城首页功能：查询、浏览、分类显示。
5. 网上商城购物车功能功能开发。
6. 网上商城订单结算功能开发。

主要成果：

登录功能执行文件，用户注册功能执行文件，客户信息编辑、用户订单管理、用户地址管理、商品分类管理、商品管理、商品信息编辑、商品图片管理功能执行文件，网上商城首页功能执行文件、网上商城购物车功能执行文件，网上商城订单结算功能：账单地址、送货地址、配送方式、支付方式、支付信息确认执行文件

工作环节 4

软件测试

4

完成系统的开发后，对应用系统进行测试，并编写测试文档。

主要成果：

功能测试文档

工作环节 5

评价展示及反馈

5

制作成果汇报 PPT

主要成果：

成果汇报 PPT

课程 7. 团队合作软件开发

学习内容

知识点	1.1 软件需求规格说明书编写格式	2.1 数据库创建的知识与方法； 2.2 SQL Server 基本语法与数据库基础知识（表、字段、类型等）； 2.3. 数据库设计技巧， 2.4. 设计数据字典	3.1 登录界面设计的基础知识：排版、设计	4.1 用户注册的有效性校验：是否重复 ID、手机号、身份证、错误提示、密码加密、图片控件、邮箱
技能点	1.1 读懂并编写标准的软件需求规格说明书； 1.2 掌握与客户沟通的技能； 1.3 根据不同岗位的任务需求，分配小组内任务	2.1 正确使用 SQL Server 各种版本进行数据库进行表创建、查询、删除、设计等技能； 2.2 使用 Power Design 数据库设计工具； 2.3 完成系统的数据库设计	3.1 使用软件开发的页面设计工具进行界面设计； 3.2 实现用户登录功能	4.1 能够实现有效的校验，对各个文本框进行正确校验； 4.2 能够实现用户注册功能
 工作环节	工作环节 1 获取任务	创建数据库 工作环节 2		
开发网上商城平台功能模块	1.1 从项目主管处获取并读懂任务需求，明确任务要求	2.1 依据数据字典，完成数据库的创建	3.1 创建网上商城系统的登录界面	4.1 用户注册功能开发
成果	1.1 开发网上商城平台功能需求规格说明书	2.1 数据库文件、数据字典	3.1 登录功能执行文件	4.1 用户注册功能执行文件
素养	1.1 标准、规范的需求规格说明书编写	2.1 遵守软件开发数学设计的保密协议； 2.2 使用安全的数据库设计原则	界面美观友好、功能人性化	
	培养学生树立团队合作意识			

学习任务 1：开发网上商城平台功能模块

5.1 客户信息编辑、用户订单管理、用户地址管理、商品分类管理、商品管理、商品信息编辑、商品图片管理的业务逻辑； 5.2 新增删除修改功能实现	6.1 设计网上商城首页设计的基础知识：排版、设计	7.1 网上商城购物车功能的业务逻辑； 7.2 表与表之间的关联； 7.3 查询、获取、刷新数据； 7.4 金额计算逻辑	8.1 网上商城购物功能订单结算的业务逻辑； 8.2 表与表之间的关联； 8.3. 查询、获取、刷新数据； 8.4. 选择控件	9.1 PPT 的基本知识
5.1 订单结算； 5.2 账单地址； 5.3 送货地址； 5.4 配送方式； 5.5 商品分类； 5.6 商品信息	6.1 使用软件开发的页面设计工具进行界面设计； 6.2 实现分类显示、浏览商品以及模糊查询商品的功能	7.1 能够使用软件开发的页面设计工具进行界面设计； 7.2 能够实现网上商城购物车金额计算功能	8.1 使用软件开发的页面设计工具进行界面设计； 8.2 实现网上商城购物功能、账单地址、送货地址、配送方式、支付方式、支付信息、确认订单的功能	9.1 PPT 的基本知识； 9.2 展示小组所开发的系统的所有功能，以及自己负责的任务介绍； 9.3 正确使用 Visio 建模； 9.4 系统统模型； 9.5 语言表达、演示方式、礼仪礼貌、演讲技巧

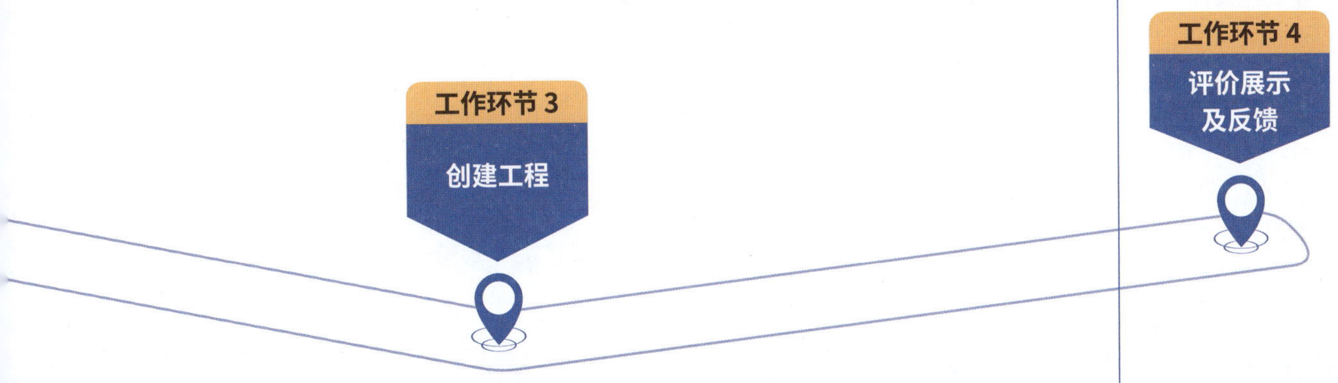

5.1 创建客户、用户、商品管理功能	6.1 设计网上商城首页功能：查询、浏览、分类显示	7.1 网上商城购物车功能功能开发	8.1 网上商城订单结算功能开发	9.1 评价展示以及反馈
5.1 客户信息编辑、用户订单管理、用户地址管理、商品分类管理、商品管理、商品信息编辑、商品图片管理功能执行文件	6.1 网上商城首页功能执行文件	7.1 网上商城购物车功能执行文件	8.1 网上商城订单结算功能：账单地址、送货地址、配送方式、支付方式、支付信息确认执行文件	9.1 成果汇报 PPT
				9.1 在评价展示工作过程中，培养汇报撰写能力和口头表达能力

团队合作软件开发

教学活动

课程 7. 团队合作软件开发

学习任务 1：开发网上商城平台功能模块

① 获取任务 → ② 创建数据库 → ③ 创建工程 → ④ 评价展示及反馈

	工作子步骤	教师活动	学生活动	评价
获取任务	从项目主管处获取并读懂任务需求，明确客户要求，分析客户需求	1. 组织学生分组阅读工作页上的任务要求，提醒学生需关注的要点； 2. 用教学软件将软件样板分发到学生计算机，然后讲解需求规格说明书填写方法； 3. 收集学生提交的客户需求记录表； 4. 从收集到的需求规格说明书中进行抽样口头点评，侧重点评学生填写的表格内容与客户实际需求差异点； 5. 布置学生查阅与团队合作有关的案例； 6. 评价并总结学生的发言，说明团体合作的重要性； 7. 讲述在企业中的开发团队是如何分工的，讲解各个岗位的职责与工作要点； 8. 协助学生分配小组内岗位	1. 自由组合，抽取任务，阅读工作页上的任务要求，根据教师要求提取任务书的要点提取出关键词记录在工作页； 2. 聆听教师讲解需求规格说明书填写方法，并在工作页上记录填写方法要点； 3. 执行软件样板，根据客户实际需求，填写并提交需求规格说明书； 4. 聆听教师点评，并对比自己的需求规格说明书填写情况，记录优缺点； 5. 上网查阅团队合作的故事； 6. 分享相关故事，并总结团队合作的意义，聆听教师点评； 7. 聆听教师讲解企业中的开发团队是如何分工，了解各个岗位的职责与工作要点； 8. 根据不同岗位的任务需求，分配小组内任务，团队合作完成任务记录表	1. 教师点评：抽样口头点评； 2. 查看分组以及各组的任务分配情况

课时：2 课时

1. 硬资源：商务软件开发工作站（CPU:i5 三代或以上，内存：8 G 或以上，硬盘：500 G 或以上）、纸、笔等。
2. 软资源：Office 工具软件、单数据库应用与模型设计工作页等。
3. 教学设施：教学计算机、投影、白板、音响、话筒等

	工作子步骤	教师活动	学生活动	评价
创建数据库	根据 ER 关系图设计权限管理的数据表、数据字典	1. 讲解数据库创建的知识与方法； 2. 发布查询任务； 3. 讲授基本语法与数据库基础知识（表、字段、类型等）； 4. 发布操作任务； 5. 巡查指导； 6. 让学生分享操作感想； 7. 介绍数据字典设计要点； 8. 提问学生掌握任务书中的要素包含	1. 学习数据库创建的知识与方法； 2. 独立上网查找 SQL Server 的语法知识； 3. 记笔记； 4. 学生用 SQL Server 数据库进行数据库操作； 5. 设计过程中进行提； 6. 分享操作问题及思考； 7. 小组记录任务书要点； 8. 回答任务书中包含的要素	1. 教师点评：数据字典是否描述清晰，字段类型是否有误； 2. 学生回答任务书中包含的要素，教师抽答点评

课时：2 课时

1. 硬资源：商务软件开发工作站（CPU:i5 三代或以上，内存：8 G 或以上，硬盘：500 G 或以上）、纸、笔等。
2. 软资源：Office 工具软件、单数据库应用与模型设计工作页、Visio、Power Design 等。
3. 教学设施：教学计算机、投影、白板、音响、话筒等

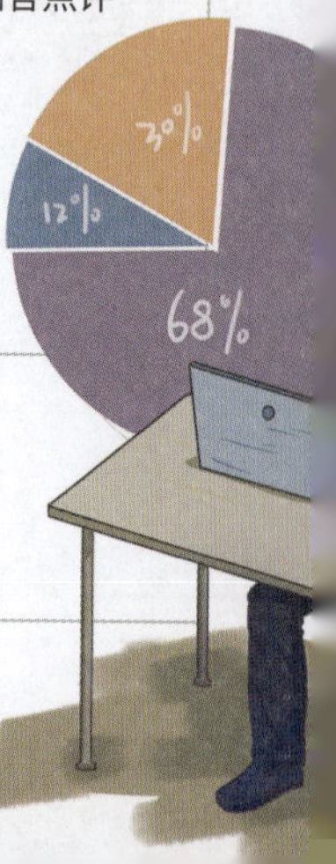

1 获取任务 2 创建数据库 3 创建工程 4 评价展示及反馈

创建工程

工作子步骤	教师活动	学生活动	评价
1. 创建网上商城系统的登录界面	1. 讲授界面设计的基础知识：排版、设计； 2. 讲授 .NET 工具使用； 3. 发布操作任务 4 让学生分享操作感想； 5. 介绍网上商城登录界面的要求； 6. 介绍网上商城登录功能必须符合的要求； 7. 提问学生掌握任务书中包含的要素； 8. 教师让学生展示自己的系统并点评	1. 学习登录界面设计的基础知识排版、设计并记录； 2. 熟悉 .NET 工具使用； 3. 用 .NET 设计登录功能设计界面； 4. 分享操作问题及思考； 5. 记录要点并检查自己设计的界面是否符合要求； 6. 根据任务书的要求，开发登录模块功能； 7. 掌握任务书中包含的要素； 8. 展示自己的登录界面，并记录教师提出的建议	1. 教师点评：登录界面是否合理，排版是否美观实用且人性化，功能是否能实现登录； 2. 学生回答任务书中包含的要素，教师抽答点评
课时： 2 课时 1. 硬资源：商务软件开发工作站（CPU:i5 三代或以上，内存：8 G 或以上，硬盘：500 G 或以上）、纸、笔等。 2. 软资源：Office 工具软件、单数据库应用与模型设计工作页、Visio 等。 3. 教学设施：教学计算机、投影、白板、音响、话筒等			
2. 用户注册功能开发	1. 讲授用户注册的有效性校验：是否重复 ID、手机号、身份证、错误提示、密码加密、图片控件、邮箱； 2 讲授 .NET 相应工具的使用； 3. 发布操作任务 4. 让学生分享操作感想； 5. 介绍网上商城用户注册界面的要求； 6. 介绍网上商城用户注册功能必须符合的要求； 7. 提问学生，促使其掌握任务书中包含的要素； 8. 让学生展示自己的系统并点评	1. 学习用户注册的有效性校验：是否重复 ID、手机号、身份证、错误提示、密码加密、图片控件、邮箱； 2. 熟悉 .NET 相应工具的使用； 3. 用 .NET 设计用户注册功能设计界面； 4. 分享操作问题及思考； 5. 记录要点并检查自己设计的界面是否符合要求； 6. 根据任务书的要求，开发用户注册模块功能； 7. 掌握任务书中包含的要素； 8. 展示自己的登录界面，并记录教师提出的建议	1. 教师点评：用户注册是否合理，排版是否美观实用且人性化。功能是否能实现用户注册，且有正确的校验； 2. 学生回答任务书中包含的要素，教师抽答点评
课时： 2 课时 1. 硬资源：商务软件开发工作站（CPU:i5 三代或以上，内存：8 G 或以上，硬盘：500 G 或以上）、纸、笔等。 2. 软资源：Office 工具软件、单数据库应用与模型设计工作页、Visio 等。 3. 教学设施：教学计算机、投影、白板、音响、话筒等			

课程 7.《团队合作软件开发》

学习任务 1：开发网上商城平台功能模块

1 获取任务 → 2 创建数据库 → **3 创建工程** → 4 评价展示及反馈

创建工程

工作子步骤	教师活动	学生活动	评价
3. 创建客户、用户、商品管理功能	1. 讲授基础资料维护所包含的功能模块; 2. 讲授基础资料维护里新的控件的使用; 3. 发布操作任务; 4. 讲授基础资料维护包含的功能模块里客户信息编辑的业务逻辑; 5. 发布操作任务; 6. 巡查指导; 7. 讲授基础资料维护包含的功能模块里用户订单管理的业务逻辑; 8. 介绍用户订单管理的功能要求; 9. 发布操作任务; 10. 巡查指导; 11. 讲授基础资料维护包含的功能模块里用户地址管理的业务逻辑; 12. 介绍用户地址管理的功能要求; 13. 发布操作任务; 14. 巡查指导; 15. 讲授基础资料维护包含的功能模块里商品分类管理的业务逻辑; 16. 介绍商品分类管理的功能要求; 17. 发布操作任务; 18. 巡查指导; 19. 讲授基础资料维护包含的功能模块里的商品管理的业务逻辑; 20. 介绍商品管理的功能要求; 21. 发布操作任务; 22. 巡查指导; 23. 讲授基础资料维护包含的功能模块里商品信息编辑的业务逻辑; 24. 介绍商品信息编辑的功能要求;	1. 学习基础资料维护所包含的功能模块，并在 A3 纸上画出大概功能结构图; 2. 熟悉基础资料维护里新的控件的使用; 3. 用 .NET 设计基础资料维护界面; 4. 学习基础资料维护里的客户信息编辑的业务逻辑，并在 A3 纸上画出大概业务逻辑图; 5. 记录要点并思考如何完成; 6. 根据任务书的要求，开发客户信息编辑模块功能，完成过程中可提问; 7. 学习基础资料维护里的用户订单管理的业务逻辑，并在 A3 纸上画出大概业务逻辑图; 8. 记录要点并思考如何完成; 9. 根据任务书的要求，开发用户订单管理模块功能; 10. 完成过程中可提问; 11. 学习基础资料维护里的用户地址管理的业务逻辑，并在 A3 纸上画出大概业务逻辑图; 12. 记录要点并思考如何完成; 13. 根据任务书的要求，开发用户地址管理模块功能； 14. 完成过程中可提问; 15. 学习基础资料维护里的商品分类管理的业务逻辑，并在 A3 纸上画出大概业务逻辑图; 16. 记录要点并思考如何完成; 17. 根据任务书的要求，开发商品分类管理模块功能； 18. 完成过程中可提问; 19. 学习基础资料维护里的商品管理的业务逻辑，并在 A3 纸上画出大概业务逻辑图; 20. 学生记录要点并思考如何完成; 21. 根据任务书的要求，开发商品管理模块功能； 22. 完成过程中可提问; 23. 学习基础资料维护里商品信息编辑的业务逻辑，并在 A3 纸上画出大概业务逻辑图; 24. 记录要点并思考如何完成;	1. 教师点评：基础资料维护设计是否合理，功能是否实用且人性化，能否实现登录事件，新增删除修改查询基本的功能操作; 2. 学生回答任务书中包含的要素，教师抽答点评

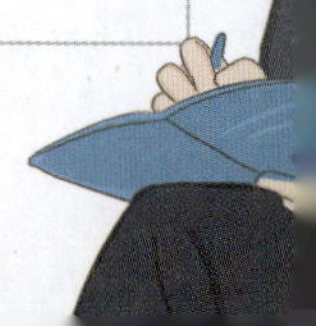

基准学时：44

1 获取任务 → 2 创建数据库 → 3 创建工程 → 4 评价展示及反馈

创建工程

工作子步骤	教师活动	学生活动	评价
3. 创建客户、用户、商品管理功能	25. 发布操作任务； 26. 巡查指导； 27. 讲授基础资料维护包含的功能模块里商品图片管理的业务逻辑； 28. 介绍商品图片管理的功能要求； 29. 发布操作任务； 30. 巡查指导； 31. 让学生展示自己的系统并点评	25. 根据任务书的要求，开发商品信息编辑模块功能； 26. 完成过程中可提问； 27. 学习基础资料维护里商品图片管理的业务逻辑，并在 A3 纸上画出大概业务逻辑图； 28. 记录要点并思考如何完成； 29. 根据任务书的要求，开发商品图片管理模块功能； 30. 完成过程中可提问； 31. 展示自己的界面，并记录教师提出的建议	
课时： 22 课时 1. 硬资源：商务软件开发工作站（CPU:i5 三代或以上，内存：8 G 或以上，硬盘：500 G 或以上）、纸、笔等。 2. 软资源：Office 工具软件、单数据库应用与模型设计工作页、Visio 等。 3. 教学设施：教学计算机、投影、白板、音响、话筒等			
4. 设计网上商城首页功能：查询、浏览、分类显示	1. 讲授设计网上商城首页设计的基础知识：排版、设计； 2. 讲授 .NET 设计网上商城首页控件使用； 3. 发布操作任务； 4. 讲解查询功能的逻辑，以及数据库查询语句的知识点； 5. 发布操作任务，实现查询功能； 6. 讲解商品浏览显示、分类显示商品的功能逻辑； 7. 发布操作任务，实现查询功能； 8. 让学生分享操作感想； 9. 介绍系统设计网上商城首页的界面要求； 10. 介绍系统设计网上商城首页应该符合用户要求； 11. 提问学生掌握任务书中的要素； 12. 让学生展示自己的系统并点评	1. 学习设计网上商城首页设计的基础知识：排版、设计并记录； 2. 熟悉 .NET 设计网上商城首页控件的使用； 3. 学生用 .NET 设计设计网上商城首页； 4. 画出逻辑图，记录 SQL Server 查询语句写法； 5. 完成查询功能的设计与开发； 6. 画出逻辑图； 7. 完成商品浏览显示、分类显示商品设计与开发； 8. 分享操作问题及思考； 9. 记录要点并检查自己设计的界面是否符合要求； 10. 根据任务书的要求，开发设计网上商城首页模块功能； 11. 掌握任务书中的要素问题； 12. 展示自己的界面，并记录教师提出的建议	1. 教师点评：设计网上商城首页设计是否合理，排版是否美观实用且人性化，能否实现分类显示、浏览商品以及模糊查询商品的功能； 2. 学生回答任务书中包含的要素，教师抽答点评
课时： 4 课时 1. 硬资源：商务软件开发工作站（CPU:i5 三代或以上，内存：8 G 或以上，硬盘：500 G 或以上）、纸、笔等。 2. 软资源：Office 工具软件、单数据库应用与模型设计工作页、Visio 等。 3. 教学设施：教学计算机、投影、白板、音响、话筒等			

课程 7.《团队合作软件开发》

学习任务 1：开发网上商城平台功能模块

1 获取任务　2 创建数据库　3 创建工程　4 评价展示及反馈

	工作子步骤	教师活动	学生活动	评价
创建工程	5. 网上商城购物车功能功能开发	1. 讲授网上商城购物车功能的业务逻辑； 2. 讲授采购流程涉及的表与表之间的关联； 3. 发布绘图任务； 4. 根据网上商城购物车功能购物任务书，讲解重点要求（可查看购物车的货物，可以更新购物车、继续购物）； 5. 发布操作任务； 6. 巡查指导； 7. 根据网上商城购物车的订单总额计算功能任务书，讲解重点要求和注意事项：实付款 = 总计 + 配送 + 税收、价格前应加上货币符号（如人民币￥等），价格保留小数点后两位、积分 = 实付款 /10（取整数）； 8. 发布操作任务； 9. 巡查指导； 10. 让学生展示自己的系统并点评	1. 学习网上商城购物车功能的业务逻辑，并在 A3 纸上画出大概业务逻辑图，确定后，用 Visio 画出完整的业务逻辑图； 2. 根据老师教授的表之间的关联，认真思考问题； 3. 打开数据库，绘制 ER 关系图； 4. 学习进网上商城购物车功能要求，并在任务书上做笔记； 5. 用 .NET 设计网上商城购物车功能界面并开发此功能模块； 6. 完成过程中可提问； 7. 学习网上商城购物车的订单总额计算重点，并在任务书做笔记； 8. 用 .NET 设计网上商城购物车的订单总额计算功能界面并开发此功能模块； 9 完成过程中可提问； 10. 展示自己的界面，并记录教师提出的建议	1. 教师点评：网上商城购物车功能申请、审核、确认、发货、收货功能设计是否合理，功能是否实用且人性化。能否实现金额正确计算； 2. 学生回答任务书中包含的要素，教师抽答点评

课时： 4 课时

1. 硬资源：商务软件开发工作站（CPU:i5 三代或以上，内存：8 G 或以上，硬盘：500 G 或以上）、纸、笔等。
2. 软资源：Office 工具软件、单数据库应用与模型设计工作页、Visio 等。
3. 教学设施：教学计算机、投影、白板、音响、话筒等

创建工程	6. 网上商城订单结算功能开发	1. 讲授网上商城购物功能订单结算的业务逻辑； 2. 讲授订单结算流程涉及的账单地址、送货地址的编辑； 3. 发布实现账单地址、送货地址任务； 4. 根据配送方式功能申请任务书，讲解重点要求，配送方式有陆运（Ground）、一天空运(Next day air)、两天空运(2nd day air)； 5. 发布操作任务； 6. 巡查指导；	1. 学习网上商城购物功能订单结算的业务逻辑，并在 A3 纸上画出大概业务逻辑图，确定后，在 Visio 画出完整的业务逻辑图； 2. 根据老师教授的账单地址、送货地址要求，认真思考问题； 3. 打开 .NET，实现账单地址、送货地址功能； 4.学习网上商城配送方式功能重点，并在任务书上做笔记； 5. 用 .NET 设计配送方式界面并开发此功能模块； 6. 完成过程中可提问；	1. 教师点评：网上商城购物车功能、账单地址、送货地址、配送方式、支付方式、支付信息确认功能设计是否合理，功能是否实用且人性化，能否实现在 3 种支付方式中，只能选择其中一种支付方式；

基准学时：44

1 获取任务 2 创建数据库 3 创建工程 4 评价展示及反馈

	工作子步骤	教师活动	学生活动	评价
创建工程	6. 网上商城订单结算功能开发	7. 根据支付方式确认任务书，讲解重点要求，支付方式分别有支票 / 汇票（Check/money order）、信用卡（Credit card）、采购订单（Purchase order）； 8. 发布操作任务； 9. 巡查指导； 10. 根据支付信息确认任务书，讲解重点要求（显示所有支付信息，以便进行确认）； 11. 发布操作任务； 12. 巡查指导； 13. 让学生展示自己的系统并点评	7. 学习支付方式的重点，并在任务书上做笔记； 8. 用 .NET 设计支付方式确认界面并开发此功能模块； 9. 完成过程中可提问； 10. 学习支付信息确认的重点，并在任务书上做笔记； 11. 用 .NET 设计支付信息确认界面并开发此功能模块； 12. 完成过程中可提问； 13. 展示自己的界面，并记录教师提出的建议	2. 学生回答任务书中包含的要素，教师抽答点评
	课时：5 课时 1. 硬资源：商务软件开发工作站（CPU:i5 三代或以上，内存：8 G 或以上，硬盘：500 G 或以上）、纸、笔等。 2. 软资源：Office 工具软件、单数据库应用与模型设计工作页、Visio 等。 3. 教学设施：教学计算机、投影、白板、音响、话筒等			
评价展示及反馈	制作成果汇报 PPT	1. 讲授 PPT 基础知识； 2. 发布制作 PPT 任务； 3. 指导成果 PPT 内容要点； 4. 发布 PPT 成果演讲要求； 5. 让学生上台汇报成果 PPT 及感想，点评各组单人任务完成情况； 6. 做总结	1. 学习关于 PPT 的基础知识； 2. 独立上网查找 PPT 模板进行制作； 3. 用 Office 制作成功汇报 PPT； 4. 独自思考如何汇报成果； 5. 上台汇报展示出小组所开发的系统的所有部分，以及介绍自己负责的任务； 6. 记录总结要点	1. 教师点评：PPT 内容是否丰富，是否有页面效果，是否具备基本的沟通表达能力，各组人员的分工完成情况； 2. 互评：PPT 制作是否美观，沟通是否顺畅
	课时：1 课时 1. 硬资源：商务软件开发工作站（CPU:i5 三代或以上，内存：8 G 或以上，硬盘：500 G 或以上）、纸、笔等。 2. 软资源：Office 工具软件、单数据库应用与模型设计工作页、Visio、UML 建模工具等。 3. 教学设施：教学计算机、投影、白板、音响、话筒等			

学习任务 2：开发网上商城物流功能模块

任务描述

学习任务学时：36 课时

任务情境

广州市工贸技师学院网上商城平台给用户生活带来了更多便利，但用户在进行电子商务交易的时候，常常遇到各种配送问题，物流企业难以获得较高效益，也无法提升服务水平，从而制约了网上商城平台的发展。网上商城与物流存在一定的共生性。通常，电子商务企业的有序发展对物流行业的发展产生一定积极影响，而物流行业的不断发展同样能促进电子商务企业不断进步。实际上，电子商务企业与物流企业之间的契合度并不如人意，这一现实从很大程度上阻碍了双方的共同发展。因此，要提升物流企业的服务水平，应当充分借助互联网优势，尽快构建网上商城的物流平台。

借助物流平台，可以以最快的速度、最好的服务和最小的成本完成物流任务，满足用户的需求。物流平台的功能涵盖了物流运作与实际执行过程管理的各个环节，主要模块有基础资料管理、订单管理、出库管理、入库管理和库存管理。

具体要求见下页。

工作流程和标准

工作环节 1

获取任务

1

从项目主管处获取开发“开发网上商城物流功能模块”模块功能任务，读懂需求文档，明确功能要求，列出功能点，编写“网上商城物流功能模块”系统功能详细设计说明书。

主要成果：

用户需求说明书、详细设计说明书

工作环节 2

创建数据库

2

1. 运用所学的知识及经验，完善并设计出符合客户要求的开发网上商城物流功能模块数据库。
2. 根据所编写的数据字典创建数据表。

主要成果：

数据库文件、数据字典

学习任务 2：开发网上商城物流功能模块

工作环节 3

创建工程

3

1. 根据用户需求创建网上商城系统的基础资料管理。
2. 根据用户需求创建网上商城系统的订单管理功能。
3. 根据用户需求创建库存管理功能。

主要成果：

基础资料管理执行文件、订单管理功能执行文件、库存管理功能执行文件

工作环节 4

评价展示以及反馈

4

制作成果汇报 PPT。

主要成果：

成果汇报 PPT

课程 7. 团队合作软件开发

学习内容

知识点	1.1 用户需求说明书、详细设计说明书编写格式	2.1 表字段的创建； 2.2 视图创建； 2.3 存储过程的创建； 2.4 数据字典的理论知识和设计方法	3.1 物料分类、物料资料、客户资料、供应商资 仓库资料管理 5 个功能模块的业务逻辑； 3.2 新增删除修改功能实现
技能点	1.1 能读懂并编写标准的软件需求规格说明书； 1.2 掌握与客户沟通的技能	2.1 正确使用 SQL Server 各种版本进行数据库进行表创建、查询、删除、设计等技能； 2.2 使用 Power Design 数据库设计工具； 2.3 完成系统的数据库设计	3.1 使用软件开发的页面设计工具进行界面设计 3.2 实现基础资料管理的 5 个功能模块中的功能

工作环节

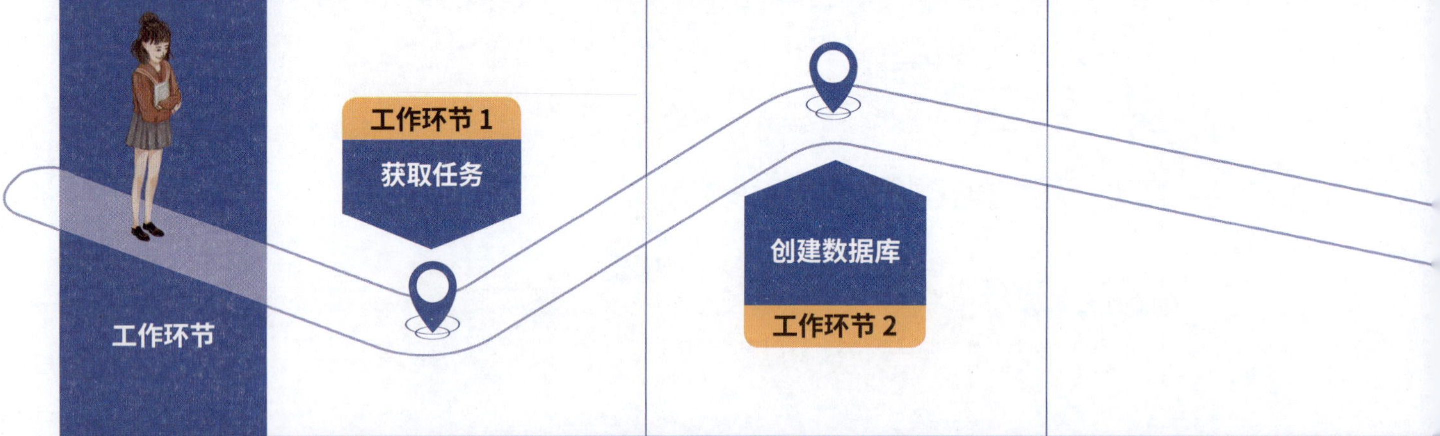

开发网上商城物流功能模块	1.1 从项目主管处获取并读懂任务需求，分析与设计	2.1 根据原有数据库基础拓展数据库，以及数据字典	3.1 创建网上商城系统的基础资料管理
成果	1.1 用户需求说明书、详细设计说明书	2.1 数据库文件、数据字典	3.1 基础资料管理执行文件
素养	1.1 在完善数据库的工作过程中，培养分析、决策能力	2.1 在按照工作计划和工作流程完成软件开发和软件维护工作过程中，培养敬业、精业、严谨、规范、用户至上的工匠精神	3.1 在按照工作计划和工作流程完成软件开发和维护工作过程中，培养敬业、精业、严谨、用户至上的工匠精神

学习任务 2：开发网上商城物流功能模块

4.1 订单管理的业务逻辑； 4.2 表与表之间的关联； 4.3 订单状态判断	5.1 出库管理、入库管理、库存管理的业务逻辑； 5.2 出库数量不足提示； 5.3 库存数量更新； 5.4 库存查询	6.1 PPT 的基本知识
4.1 使用软件开发的页面设计工具进行界面设计； 4.2 实现订单管理录入、审核、处理的功能	5.1 使用软件开发的页面设计工具进行界面设计； 5.2 实现网上商城出库管理、入库管理、库存管理的功能	6.1 展示所开发的系统的所有内容； 6.2 PPT 的制作方法与技巧； 6.3 语言表达、演示方式、礼仪礼貌、演讲技巧

4.1 创建网上商城系统的订单管理功能	5.1 创建库存管理功能开发	6.1 评价展示以及反馈
4.1 订单管理功能执行文件	5.1 库存管理功能执行文件	6.1 成果汇报 PPT
4.1 在按照工作计划和工作流程完成软件开发和软件维护工作过程中，培养敬业、精业、严谨、规范、用户至上的工匠精神	5.1 在对软件功能检测的工作过程中，培养敬业、精业、严谨、规范、用户至上的工匠精神； 5.2 在对软件测试的工作过程中，培养辨识问题、解决问题的能力； 5.3 在编写测试报告的工作过程中，培养文书撰写能力	6.1 在评价展示工作过程中，培养汇报撰写能力和口头表达能力

课程 7. 团队合作软件开发

学习任务 2：开发网上商城物流功能模块

1 获取任务 → 2 创建数据库 → 3 创建工程 → 4 评价展示及反馈

	工作子步骤	教师活动	学生活动	评价
获取任务	从项目主管处获取并读懂任务需求，分析与设计	1. 组织学生阅读工作页上的任务要求，提醒学生需关注的要点； 2. 用教学软件将软件样板分发到学生计算机，然后讲解用户需求说明书、详细设计说明书填写方法； 3. 收集学生提交的用户需求说明书、详细设计说明书； 4. 从收集到的需求规格说明书中抽样口头点评，侧重点评学生填写的表格内容与客户实际需求差异点	1. 阅读工作页上的任务要求根据教师要求把任务书的要点提取关键词记录在工作页； 2. 聆听教师讲解需求规格说明书填写方法，并在工作页上记录填写方法要点； 3. 执行软件样板，根据客户实际需求，填写并提交需求规格说明书； 4. 聆听教师点评，并对比自己的需求规格说明书填写情况，记录优缺点	教师点评：抽样口头点评
	课时： 4 课时 1. 硬资源：商务软件开发工作站（CPU:i5. 三代或以上，内存：8 G 或以上，硬盘：500 G 或以上）、纸、笔等。 2. 软资源：Office 工具软件、单数据库应用与模型设计工作页等。 3. 教学设施：教学计算机、投影、白板、音响、话筒等			
创建数据库	根据原有数据库基础拓展数据库，以及数据字典	1. 讲解表字段的创建、视图创建方法； 2. 发布查询任务； 3. 讲授存储过程的创建方法； 4. 发布操作任务； 5. 巡查指导； 6. 让学生分享操作感想； 7. 介绍数据字典的理论知识和设计方法； 8. 提问学生掌握任务书中包含的要素	1. 学习数据库表字段的创建、视图创建方法； 2. 独立上网查找 SQL Server 的语法知识； 3. 学生记笔记； 4. 用 SQL Server 数据库进行数据库操作； 5. 设计过程中进行提问； 6. 分享操作问题及思考； 7. 小组记录任务书要点； 8. 回答任务书中包含的要素。	1. 教师点评：数据字典是否描述清晰，字段类型是否有误； 2. 学生回答任务书中包含的要素，教师抽答点评
	课时： 8 课时 1. 硬资源：商务软件开发工作站（CPU:i5. 三代或以上，内存：8 G 或以上，硬盘：500 G 或以上）、纸、笔等。 2. 软资源：Office 工具软件、单数据库应用与模型设计工作页、Visio、Power Design。 3. 教学设施：教学计算机、投影、白板、音响、话筒等			
创建工程	1. 创建网上商城系统的基础资料管理	1. 讲授基础资料管理所包含的功能模块； 2. 讲授基础资料管理里新控件的使用； 3. 发布操作任务； 4. 讲授基础资料管理包含的功能模块里的物料分类的业务逻辑；	1. 学习基础资料管理所包含的功能模块，并在 A3 纸上画出大概功能结构图； 2. 熟悉基础资料管理里新的控件的使用； 3. 用 .NET 设计基础资料管理界面； 4. 学习基础资料管理里的物料分类的业务逻辑，并在 A3 纸上画出大概业务逻辑图；	1. 教师点评：订单录入、审核、处理功能设计是否合理，功能是否实用且人性化，能否实现订单状态的变化；

创建工程

工作子步骤	教师活动	学生活动	评价
1. 创建网上商城系统的基础资料管理	5. 介绍物料分类的功能要求； 6. 发布操作任务； 7. 巡查指导； 8. 讲授基础资料管理包含的功能模块里物料资料的业务逻辑； 9. 介绍物料资料的功能要求； 10. 发布操作任务； 11. 巡查指导； 12. 讲授基础资料管理包含的功能模块里客户资料的业务逻辑； 13. 介绍客户资料的功能要求； 14. 发布操作任务； 15. 巡查指导； 16. 讲授基础资料管理包含的功能模块里供应商资料的业务逻辑； 17. 介绍供应商资料的功能要求； 18. 发布操作任务； 19. 巡查指导； 20. 讲授基础资料管理包含的功能模块里仓库资料管理的业务逻辑； 21. 介绍仓库资料管理的功能要求； 22. 发布操作任务； 23. 巡查指导； 24. 让学生展示自己的系统并点评	5. 记录要点并思考如何完成； 6. 根据任务书的要求，开发物料分类模块功能； 7. 完成过程中可提问； 8. 学习基础资料管理里物料资料的业务逻辑，并在 A3 纸上画出大概业务逻辑图； 9. 记录要点并思考如何完成； 10. 根据任务书的要求，开发物料资料模块功能； 11. 完成过程中可提问； 12. 学习基础资料管理里客户资料的业务逻辑，并在 A3 纸上画出大概业务逻辑图； 13. 记录要点并思考如何完成； 14. 根据任务书的要求，开发客户资料模块功能； 15. 完成过程中可提问； 16. 学习基础资料管理里供应商资料的业务逻辑，并在 A3 纸上画出大概业务逻辑图； 17. 记录要点并思考如何完成； 18. 根据任务书的要求，开发供应商资料模块功能； 19. 完成过程中可提问； 20. 学习基础资料管理里仓库资料管理的业务逻辑，并在 A3 纸上画出大概业务逻辑图； 21. 记录要点并思考如何完成； 22. 根据任务书的要求，开发仓库资料管理模块功能； 23. 完成过程中可提问； 24. 展示自己的成果，并记录教师提出的建议	2. 学生回答任务书中包含的要素，教师抽答点评

课时： 6 课时

1. 硬资源：商务软件开发工作站（CPU:i5. 三代或以上，内存：8 G 或以上，硬盘：500 G 或以上）、纸、笔等。
2. 软资源：Office 工具软件、单数据库应用与模型设计工作页、Visio 等。
3. 教学设施：教学计算机、投影、白板、音响、话筒等

课程 7. 团队合作软件开发

学习任务 2：开发网上商城物流功能模块

1 获取任务 → 2 创建数据库 → 3 创建工程 → 4 评价展示及反馈

	工作子步骤	教师活动	学生活动	评价
创建工程	2. 创建网上商城系统的订单管理功能	1. 讲授订单管理的业务逻辑；	1. 学习订单管理的业务逻辑，并在 A4 纸上画出大概业务逻辑图，确定后，用 Visio 画出完整的业务逻辑图；	1. 教师点评：订单录入、审核、处理功能设计是否合理，功能是否实用且人性化；能否实现订单状态的变化； 2. 学生回答任务书中包含的要素，教师抽答点评
		2. 讲授采购流程涉及的表与表之间的关联；	2. 根据老师教授的表之间的关联，认真思考问题；	
		3. 发布绘图任务；	3. 绘制 ER 关系图；	
		4. 根据订单管理申请任务书，讲解重点要求（订单状态，录入后提交才能审核，审核成功后才能进行订单处理）；	4. 学习订单管理申请的重点，并在任务书上做笔记；	
		5. 发布操作任务；	5. 用 .NET 设计订单管理界面并开发此功能模块；	
		6. 巡查指导；	6. 完成过程中可提问；	
		7. 根据订单管理录入任务书，讲解重点要求（订单信息来源于商城中已付款、待出库配送的数据，商品数量需大于 0. 的正整数）；	7. 学习订单管理录入的重点，并在任务书上做笔记；	
		8. 发布操作任务；	8. 用 .NET 设计订单录入界面并开发此功能模块；	
		9. 巡查指导；	9. 完成过程中可提问；	
		10. 根据订单管理审核任务书，讲解重点要求（审核通过，则提交到订单处理；审核不通过，则退回到订单录入）；	10. 学习订单管理审核的重点，并在任务书做笔记；	
		11. 发布操作任务；	11. 用 .NET 设计订单审核界面并开发此功能模块；	
		12. 巡查指导；	12. 完成过程中可提问；	
		13. 根据订单管理处任务书，讲解重点要求（记录待出库订单信息，不能修改删除）；	13. 学习订单管理处理的重点，并在任务书做笔记；	
		14. 发布操作任务；	14. 用 .NET 设计订单处理界面并开发此功能模块；	
		15. 巡查指导；	15. 完成过程中可提问；	
		16. 让学生展示自己的系统并点评	16. 展示自己的成果，并记录教师提出的建议	

课时： 6 课时

1. 硬资源：商务软件开发工作站（CPU:i5. 三代或以上，内存：8 G 或以上，硬盘：500 G 或以上）、纸、笔等。
2. 软资源：Office 工具软件、单数据库应用与模型设计工作页、Visio 等。
3. 教学设施：教学计算机、投影、白板、音响、话筒等

基准学时：36

1 获取任务　2 创建数据库　3 创建工程　4 评价展示及反馈

创建工程

工作子步骤	教师活动	学生活动	评价
3. 创建库存管理功能开发	1. 讲授出库管理、入库管理、库存管理的业务逻辑； 2. 讲授出库过程中数量不足的处理方法； 3. 讲授出入库数量减少与更新的变化； 4. 发布实现账单地址、送货地址任务； 5. 根据出入库计划申请任务书，讲解重点要求（同一个出入库计划单的商品明细不能重复）； 6. 发布操作任务； 7. 巡查指导； 8. 根据出入库审核任务书，讲解重点要求（出库审核确认，应校验库存是否满足当前订单数量，如不满足，则不能通过审核并提示操作员）； 9. 发布操作任务； 10. 巡查指导； 11. 根据出入库作业任务书，讲解重点要求（打印出入库订单包含信息）； 12. 发布操作任务； 13. 巡查指导； 14. 让学生展示自己的系统并点评	1. 学习出库管理、入库管理、库存管理的业务逻辑，并在 A3 纸上画出大概业务逻辑图，确定后，在 Visio 画出完整的业务逻辑图； 2. 根据老师讲授的方法，实现库存不足提示功能； 3. 根据库存数量，进行库存数量修改； 4. 打开 .NET，实现账单地址、送货地址功能； 5. 学习出入库计划功能重点，并在任务书上做笔记； 6. 用 .NET 设计出入库计划界面并开发此功能模块； 7. 完成过程中可提问； 8. 学习出入库审核重点，并在任务书上做笔记； 9. 用 .NET 设计出入库审核界面并开发此功能模块； 10. 完成过程中可提问； 11. 学习出入库作业重点，并在任务书做笔记； 12. 用 .NET 设计出入库作业界面并开发此功能模块； 13. 完成过程中可提问； 14. 展示自己的成果，并记录教师提出的建议	1. 教师点评：网上商城出库管理、入库管理、库存管理功能设计是否合理，功能是否实用且人性化，能否实现打印出入库订单； 2. 学生回答任务书中包含的要素，教师抽答点评

课时： 6 课时

1. 硬资源：商务软件开发工作站（CPU:i5. 三代或以上，内存：8 G 或以上，硬盘：500 G 或以上）、纸、笔等。
2. 软资源：Office 工具软件、单数据库应用与模型设计工作页、Visio 等。
3. 教学设施：教学计算机、投影、白板、音响、话筒等

学习任务 2：开发网上商城物流功能模块 基准学时：36

1 获取任务 → 2 创建数据库与数据字典 → 3 创建工程 → 4 评价展示及反馈

评价展示及反馈

工作子步骤	教师活动	学生活动	评价
制作成果汇报 PPT	1. 发布制作 PPT 任务; 2. 指导成果 PPT 内容要点; 3. 发布 ppt 成果演讲要求; 4. 让学生上台汇报成果 PPT 及感想; 5. 做总结	1. 独立上网查找 PPT 模板进行制作; 2. 用 Office 制作成功汇报 PPT; 3. 独自思考如何汇报成果; 4. 上台汇报; 5. 记录总结要点	1. 教师点评: PPT 内容是否丰富，是否有页面效果，是否具备基本的沟通表达能力; 2. 学生互评: PPT 制作是否美观，沟通是否顺畅

课时： 6 课时

1. 硬资源：商务软件开发工作站（CPU:i5. 三代或以上，内存：8 G 或以上，硬盘：500 G 或以上）、纸、笔等。
2. 软资源：Office 工具软件、单数据库应用与模型设计工作页、Visio、UML 建模工具等。
3. 教学设施：教学计算机、投影、白板、音响、话筒等

考核标准

情境描述

广州市工贸技师学院电子商务平台是一个为企业或个人提供网上交易洽谈的平台，是建立在互联网上进行商务活动的虚拟网络空间和保障商务顺利运营的管理环境；是协调、整合信息流、货物流、资金流有序、关联、高效流动的重要场所。企业、商家可充分利用电子商务平台提供的网络基础设施、支付平台、安全平台、管理平台等共享资源有效且低成本地开展自己的商业活动。

考核要点

1. 正确搭建 Git 服务端，完成系统参数配置和权限分配（10%）。
2. 正确配置 Git 和 TortoiseGit 客户端，完成 TortoiseGit 的账户设置 (5%)。
3. 通过对 Git 项目的克隆、提交、推送、拉取，完成开发过程源代码提交 (10%)。
4. 创建符合三大范式的数据库、建立合理的主键、外键、索引（15%）。
5. Web 系统页面美观度达到用户使用要求（10%）。
6. Web 系统功能设计实现业务需求的相关功能 (20%)。
7. 完成系统最终的数据报表统计和图形化展示功能（10%）。
8. 所有交付用户的成果必须符合用户的要求（10%）。
9. 任务过程中体现应有的职业素养和规范（10%）。

过程性测评模式（40%）

1. 输出成果（70%）。
2. 平时考勤（10%）。
3. 学习态度（20%）。

说明：权值按学时比例分布。

终结性测评模式（60%）

1. 收集输出成果、评分标准。
2. 学生分工展示作品 (2 人 / 组)：PPT 讲解、软件演示。
3. 企业导师提问、学生答辩、任课老师补充。
4. 统一评分：任课老师（70%）、企业导师 / 行业专家（30%）。

参与测评人员

过程性测评：任课老师。

终结性测评：任课老师、企业导师、行业专家。

参考资料

解决上面的问题时，所有的工作页、互联网、教材、网络资源等教学资料等都可以自由使用。

专创融合学习任务：智能巡堂系统

任务描述

学习任务学时：100 课时

任务情境

为了确保课堂教学质量，一般学校均会制定课堂巡查机制，由专职督导员负责巡视并记录课堂情况。这些需要记录的指标包括课室卫生情况、学生上课情况、教师教学情况等各项指标，常见的做法是督导员拿着纸质登记表，逐个教室去巡查，并在登记表上记录各项指标的实际情况。每天巡查完毕，督导员把巡查登记表上的数据录入计算机，形成电子文档留存，并上传至校园网的文件柜，任课老师可以通过校园网查阅自己上课时被督导记录的情况，以便查找不足并进行改良，从而形成教学反馈的闭环。

这种巡堂方式存在人为因素影响大、工作烦琐等不足，现在需要你们团队根据自己所学的软件开发技术，开发一套智能巡堂系统。具体包括以下功能。

1. 软件分服务器端和客户端两部分，服务器端安装在固定计算机上，客户端安装在移动端（平板或者手机）上。客户端用于输入巡堂指标的各项数据，并传输到服务器端；服务器端的后台自动记录数据并直接保存到校园网上。

2. 客户端有场地选项，督导员在巡查时，每到达一处场所，可点选当前的教学场地名称或编号。

3. 客户端有系别、教师名字、课程名称等信息选项，督导员在巡查时，每到达一处场所，可点击选择当前的相关信息。

4. 督导员在巡堂时，手持平板或者手机，通过客户端，对各项巡查指标进行记录，记录方式要求免输入，即先将各种可能做成选项，督导员巡堂时，只需点选其中最接近的一个选项。

在未来的 5 周时间内，你们将在创业导师的帮助下，规划项目的设计思路、挖掘产品的目标客户群、拟定推广方式，并完成市场调研、设计商业模式、撰写商业计划书、策划和实施项目、完成融资路演等过程。

具体要求见下页。

专创融合学习任务

学习内容

专业知识与技能	1.1 服务对象的确定。 1.2 主营业务的确定。 1.3 涉及的技术要求汇总。 1.4 团队的组建与人员分工	2.1 项目技术创新点。 ① 在传统的巡堂记录中，加入无纸化数据采集与实时发布的技术，不仅可以方便督导员的记录与上传工作，还对教学场地进行智慧管理，更可以根据学校的需要吸纳其他厂家的教学软件，整合到一个平台以解决教学管理的监控与反馈问题； ② 利用数据采集、数据整理、数据可视化等技术，对巡堂的各项数据进行展示和分析，真正实现智能化巡堂。 2.2 技术壁垒。 智能巡堂系统中的数据后台、数据可视化系统、物联网系统、数据平台、课程管理等系统都可申请软件著作权形成技术壁垒	从技术角度，深入讨论： 3.1 项目技术的可行性。 为什么团队可以做这件事，有何技术优势？ 3.2 项目的技术风险技术力量是否足够？不够的话怎么解决？怎么保护知识产权？ 3.3 竞品的技术分析。 竞争对手的技术有哪些创新
创新创业知识与技能	1.1 市场调查的基本知识。 1.2 制订调研方案。 确定调研对象； 选择调研形式； 编制调研问卷。 1.3 开展调研实践活动 在线问卷调研； 线下调研； 网络大数据调研。 1.4 调研报告的撰写 调研数据统计分析； 编写调研报告。 1.5 调研报告分享 制作分享 PPT； 分享调研过程与结论	2.1 商业计划书的一般结构。 2.2 商业模式画布的结构与含义。 “客户细分”的含义； “价值主张”的含义； “客户关系”的含义； “渠道通路”的含义； “关键业务”的含义； “核心资源”的含义； “重要伙伴”的含义； “成本结构”的含义； “收入来源”的含义。 2.3 讨论、绘制并展示商业模式画布。 2.4 编写商业计划书	从市场的角度，深入讨论： 3.1 项目在市场方面的可行性。 为什么团队可以做这件事，有什么市场优势？ 3.2 项目在市场营销、运营管理等方面存在哪些风险。 3.3 竞品及其市场分析
工作环节	工作环节 1 挖掘商机 市场调研 （获取信息）	编制商业计划书 （制订计划） 工作环节 2	工作环节 3 优化商业计划书 （做出决策）
输出成果	1.1 市场调查方案。 1.2 市场调查过程材料（照片/录音/小视频）。 1.3 市场调查报告。 1.4 市场调查汇报 PPT 文稿	2.1 商业模式画布	3.1 定稿版商业计划书

学习任务：智能巡堂系统

工作环节 4	工作环节 5	工作环节 6
4.1 HTML 语言、CSS、JavaScript。 HTML 是超文本标记语言的简写，它是网页开发前端三剑客之一，主要负责搭建网页的骨架。CSS 主要负责网页样式，网页内容如何分布，板块背景、颜色等外观问题可以有 CSS 控制。JavaScript 是一种动态的脚本语言，在服务器端迸发出非凡的活力，成为当前非常活跃的语言之一。因此想要做 App 开发，就必须要掌握 HTML 语言、CSS、JavaScript。 4.2 服务器语言。 该项目要求学生至少要会一门服务器语言。建议开发者学习一种后端语言，至少需要了解大致的原因框架，能够看懂其代码逻辑，这样不仅可以很好地实现前后端的配合，也能够在小程序出现 bug 的时候进行修复。服务器的语言有很多，比较常用的是 PHP、Java、Python、ASP 等。 4.3 数据库语言。 除了学习前端知识、服务器语言外，该项目涉及的专业技能还包括数据库语言，对于常用的 MySQL、msSQL、MongoDB、Oracle 等数据库都要有所了解	5.1 如何测试智能巡堂系统是否满足督导员的要求？ 5.2 如何填写质量检测报告？ 5.3 第一位使用者有哪些反馈？ 5.4 根据反馈进行了哪些调整？ 5.5 原来预测的成本，现在有什么变化？确定新的成本预算。 5.6 定价策略是否需要调整？请确定新的定价方案。 5.7 基于成本与定价的调整，确定利润情况。 5.8 基于确定的利润情况，预测未来三年的发展规划	6.1 总结项目有哪些技术创新点。 6.2 分析项目的成本与收益。 6.3 项目亮点在 PPT 和汇报中的体现。 6.4 路演陈述中如何介绍产品技术
4.1 创新动机：学校的督导员在每日巡堂过程中，需要根据教学场地设备情况、卫生情况、学生学习状态、老师教学情况等现场实际情况，进行客观的记录与评价；还要对设备及实训室安全进行监管。这些工作均涉及现场观察、纸质登记表数据记录、录入计算机、上传校园网等待查阅、教师上校园网查看记录实现反馈……整个过程较为烦琐。依靠快速有效的信息化、智能化管理手段进行支撑已显得格外重要。 4.2 该学习任务所包含的创新技能 ① 想象能力：如何开发一个巡堂系统，方便督导员的工作，减轻督导员的实际工作量？这无疑要求我们同学具备一定的想象能力。 ② 创造能力：巡堂系统平台包括一个数据后台、综合管理新系统、数据可视化系统、用户页面等功能，学生的创造能力起着至关重要的作用。 ③ 整合多种能力的能力：不仅要懂得 App 开发的能力与技术，还要结合督导员的实际工作情况对其进行调整，而且涉及客户端操作界面，所以对于整合多种能力的能力要求比较高。 4.3 该学习任务所包含的创业精神 ① 大胆精神：智能巡堂管理云平台是校园信息化的一个重要举措，是对传统巡堂管理的一个大胆的创新和变革。 ② 坚持与不断完善的精神：推进传统变革，使巡堂管理进入智慧管理新时代，过程中肯定会遇到许多挫折。作为开发团队，必须坚持自己此时的创新想法并根据学校的需要不断完善功能。 4.4 该学习任务所包含的创业技能 ① 沟通能力：作为开发人员，针对巡堂管理的一些痛点，需要跟督导员不断沟通，找出真正痛点进行功能开发并根据督导员的意见不断完善。 ② 自我学习能力：该平台的开发不止涉及软件开发的知识，还涉及一部分的物联网和大数据相关知识，所以这部分的知识需要咱们的学生自己去学习。 ③ 团队建设与管理能力：该平台开发的内容较多，要提早做好分工，这就考验了团队建设与管理能力	5.1 产品的质量在创业中有什么影响？ 5.2 如何向客户承诺产品质量？ 5.3 产品质量报告需要哪些部门认证？ 5.4 正确把握质量与广告的关系、避免法务风险。 5.5 成本的核算。 5.6 销售定价的一般依据。 5.7 利润的计算方法。 5.8 未来发展的预测依据	6.1 项目路演评价标准。 6.2 制作路演 PPT，提升逻辑思维能力。 6.3 完成路演环节，提升专业性的口头表达能力。 6.4 完成个人总结，培养归纳能力，反思及持续改善的职业习惯。 6.5 客观评价组员的任务表现

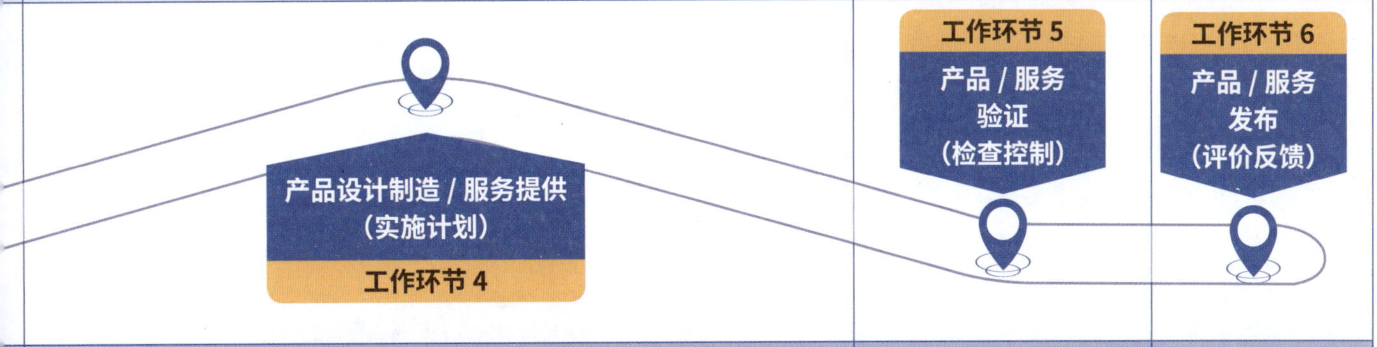

工作环节 4	工作环节 5	工作环节 6
4.1 智能巡堂系统。 4.2 实施过程（照片、视频、文档）	5.1 质量检测报告 / 总结报告	6.1 路演资料一套（PPT 及视频）

学习任务：智能巡堂系统

① 挖掘商机市场调研（获取信息） → ② 编写商业计划书（制订计划） → ③ 优化商业计划书（做出决策） → ④ 产品设计制造/服务提供（实施计划） → ⑤ 产品/服务验证（检查控制） → ⑥ 产品/服务发布（评价反馈）

挖掘商机市场调研（获取信息）

教师活动	学生活动	评价
1. 情景创设：提醒学生阅读工作页上的“情景描述”。为了确保课堂教学质量，一般学校均会制定课堂巡查机制，由专职督导员负责巡视并记录课堂情况。需要记录的指标包括课室卫生情况、学生上课情况、教师教学情况等各项指标。常见的做法是督导员拿着纸质登记表，逐个教室去巡查，并在登记表上记录各项指标的实际情况。每天巡查完毕，督导员把巡查登记表上的数据录入计算机，形成电子文档留存，并上传至校园网的文件柜，任课老师可以通过校园网查阅自己上课时被督导记录的情况，以便查找不足并进行改良，从而形成教学反馈的闭环。这种巡堂方式存在人为因素影响大、工作烦琐等不足，现在需要你们团队根据自己所学的软件开发技术，开发一套智能巡堂系统，使巡堂过程无纸化、智能化。	1. 聆听教师布置任务，阅读工作页上的“情景描述”， ① 用荧光笔画出其中的关键词。 ② 与组员讨论关键词的含义。 ③ 对学习任务中存疑的地方进行向老师提问，直至弄清楚任务的情景。	1. 评价学生对专创融合学习任务的理解。 2. 是否清楚创业的方向？表达是否清晰有条理？ 3. 扮演顾客的，是否能清楚全面地提出自己的需求？扮演创业者的，是否能清楚全面地提供解决方案？ 4. 组内人员分工是否科学合理？ 6. 调研问卷的问题是否科学有效？ 7. 有否开展调研实践？调研报告是否符合要求？
2. 组织学生讨论这个项目的价值和目标定位： 我们提供什么服务？这些服务可以解决哪些问题？谁会需要我们提供的这些服务？各组列出问题并进行说明。	2. 讨论项目的价值主张和服务对象，绘制海报并上台分享。把价值主张和服务对象记录在工作页上。	
3. 组织学生讨论这个项目的主营业务： 我们具体做什么？涉及哪些技术？需要哪些资源？我们有什么优势？用角色扮演来带入学生思考，提醒各组的角色分工如下： ① 每两组为一对，A组扮演督导员，向B组提出自己的需求（2项）；B组扮演 App 开发者，向A组解释自己将会怎样满足对方的需求（把方案说得清晰具体），并尽量使对方满意。 ② A组和B组角色互换再进行（也是2项）。 ③ 如果还能从顾客角度想出更多需求，回到①项。	3. 认真思考、激烈讨论，将“如果我是督导员，我可能需要 App 开发者给我提供怎样的 App？”罗列在纸上，准备向对方提出需求。 ① 听完对方的解决方案，觉得是否满意？对不满意的地方继续发问，直至满意。 ② 认真听取对方提出的需求，组内讨论，针对这些需求，可以怎样解决问题，用关键词列出解决方案，并向对方说明解决方案。 ③ 各组的需求和解决方案汇总到一起，还原出创业者要提供的服务内容，并记录在工作页。	
4. 介绍市场调查在创业过程中的重要性和市场调研的基本方法。	4. 听老师介绍市场调查在创业过程中的重要性和市场调研的基本方法，补充完整工作页。	
5. 组织学生小组制订调研方案。 ① 确定调研对象。② 选择调研形式：在线问卷？纸质问卷？会议调查？网络大数据调研？ ③ 编制调研问卷（10个问题，含选择题和简答题）。	5. 各组制定调研方案，编制调研问卷	
6. 安排开展调研实践活动。 课外时间完成，每一组最少回收30份有效问卷，各组的调研对象不能出现相同。 组织各组分享调研的情况。 收取各组调研报告，并给出该环节的学习评价	6. 开展调研实践活动。 ① 回收30份有效问卷。 ② 进行数据统计分析，得出一些结论。 ③ 以海报或者 PPT 的形式完成调研报告提纲及调研结论，向全班分享。 ④ 编写调研报告并提交给老师	
1. 硬资源：一体化课室等。 2. 软资源：工作页、参考教材、授课 PPT、商业计划书案例等		

基准学时：100

1 挖掘商机 市场调研（获取信息） → 2 编写商业计划书（制订计划） → 3 优化商业计划书（做出决策） → 4 产品设计制造/服务提供（实施计划） → 5 产品/服务验证（检查控制） → 6 产品/服务发布（评价反馈）

编写商业计划书（制订计划）

教师活动	学生活动	评价
1. 展示一份商业计划书，介绍商业计划书的一般结构，阐述商业计划书的作用，让学生对商业计划书有一个初步认识。	1. 观察一个完整的商业计划书，分析商业计划书的一般结构，聆听教师说明商业计划书，提出有疑问的地方。	1. 商业模式画布是否合理？完整？ 2. 商业计划书是否能清晰描述创业设计？
2. 展示一张完整的商业模式画布，简要说明商业模式画布的结构。	2. 观察一个商业模式画布案例，分析商业模式画布的一般结构，聆听教师说明商业模式画布，提出有疑问的地方。	
3. 组织学生讨论商业画布各项要素的含义。 ① 组织各组通过网上搜索等途径，了解商业模式画布中“客户细分”的含义，提醒每组做好说明“客户细分”的准备； 抽取某一组来说明“客户细分”的含义，并以本项目为例，说明“客户细分”的对象都有哪些。	3. 讨论商业画布各项要素的含义 ①通过网上搜索等途径，了解商业模式画布中“客户细分”的含义，讨论本项目的“客户细分”的对象都有哪些？向其他组分享自己的看法（假如被抽到）。	
② 组织各组通过网上搜索等途径，了解商业模式画布中“价值主张”的含义，提醒每组做好说明“价值主张”的准备； 抽取某一组来说明“价值主张”的含义，并以本项目为例，说明“价值主张”是什么。	②了解商业模式画布中“价值主张”的含义，讨论本项目“价值主张”的对象都有哪些？向其他组分享自己的看法（假如被抽到）。	
③组织各组通过网上搜索等途径，了解商业模式画布中“客户关系”的含义，提醒每组做好说明“客户关系”的准备； 抽取某一组来说明“客户关系”的含义，并以本项目为例，说明“客户关系”有哪些。	③了解商业模式画布中“客户关系”的含义，讨论本项目“客户关系”的对象都有哪些？向其他组分享自己的看法（假如被抽到）。	
④组织各组通过网上搜索等途径，了解商业模式画布中“渠道通路”的含义，提醒每组做好说明“渠道通路”的准备； 抽取某一组来说明“渠道通路”的含义，并以本项目为例，说明“渠道通路”有哪些。	④了解商业模式画布中“渠道通路”的含义，讨论本项目“渠道通路”的对象都有哪些？向其他组分享自己的看法（假如被抽到）。	
⑤ 组织各组通过网上搜索等途径，了解商业模式画布中“关键业务”的含义，提醒每组做好说明“关键业务”的准备； 抽取某一组来说明“关键业务”的含义，并以本项目为例，说明“关键业务”有哪些。	⑤了解商业模式画布中“关键业务”的含义，讨论本项目“关键业务”的对象都有哪些？向其他组分享自己的看法（假如被抽到）。	
⑥ 组织各组通过网上搜索等途径，了解商业模式画布中“核心资源”的含义，提醒每组做好说明“核心资源”的准备； 抽取某一组来说明“核心资源”的含义，并以本项目为例，说明“核心资源”有哪些。	⑥了解商业模式画布中“核心资源”的含义，讨论本项目“核心资源”的对象都有哪些？向其他组分享自己的看法（假如被抽到）。	

智能巡堂系统

学习任务：智能巡堂系统

1 挖掘商机 市场调研（获取信息） → 2 编写商业计划书（制订计划） → 3 优化商业计划书（做出决策） → 4 产品设计制造 / 服务提供（实施计划） → 5 产品 / 服务 验证（检查控制） → 6 产品 / 服务 发布（评价反馈）

	教师活动	学生活动	评价
编写商业计划书（制订计划）	⑦ 组织各组通过网上搜索等途径，了解商业模式画布中“重要伙伴”的含义，提醒每组做好说明“重要伙伴”的准备；抽取某一组来说明“重要伙伴”的含义，并以本项目为例，说明“重要伙伴”有哪些。 ⑧ 组织各组通过网上搜索等途径，了解商业模式画布中“成本结构”的含义，提醒每组做好说明“成本结构”的准备； 抽取某一组来说明“成本结构”的含义，并以本项目为例，说明“成本结构”有哪些。 ⑨ 组织各组通过网上搜索等途径，了解商业模式画布中“收入来源”的含义，提醒每组做好说明“收入来源”的准备； 抽取某一组来说明“收入来源”的含义，并以本项目为例，说明“收入来源”有哪些。 4. 组织各组根据以上的讨论、绘制并展示分享商业模式画布。 5. 安排学生课后完成商业计划书编写	⑦了解商业模式画布中“重要伙伴”的含义，讨论本项目“重要伙伴”的对象都有哪些？向其他组分享自己的看法（假如被抽到）。 ⑧了解商业模式画布中“成本结构”的含义，讨论本项目“成本结构”的对象都有哪些？向其他组分享自己的看法（假如被抽到）。 ⑨了解商业模式画布中“收入来源”的含义，讨论本项目“收入来源”的对象都有哪些？向其他组分享自己的看法（假如被抽到）。 4. 各组根据以上的讨论、绘制商业模式画布（海报），安排人上台展示与分享商业模式画布。 5. 完成商业计划书编写（课后）	
	1. 硬资源：一体化课室等。 2. 软资源：工作页、参考教材、授课 PPT、商业计划书案例等		
优化商业计划书（做出决策）	组织各组学生深入讨论： 1. 项目的可行性。 为什么团队可以做这件事？有什么市场优势？抽取一组上台分享他们的观点。 2. 项目在市场营销、运营管理等方面存在哪些风险？抽取一组上台分享他们的观点。 3. 目前市场上有哪些类似的竞品？竞品有哪些特点？我们与之相比有哪些差异？抽取一组上台分享他们的观点	从市场和技术的角度，深入讨论： 1. 项目的可行性。 为什么团队可以做这件事？有什么市场优势？上台分享本组的观点（如果被抽到）。 2. 项目在市场营销、运营管理等方面存在哪些风险？上台分享本组的观点（如果被抽到）。 3. 目前市场上有哪些类似的竞品，竞品有哪些特点？我们与之相比有哪些差异？上台分享本组的观点（如果被抽到）。 4. 结合教师的批改和以上的讨论，修订商业计划书，提交定稿版商业计划书	
	1. 硬资源：一体化课室等。 2. 软资源：工作页、参考教材、授课 PPT、商业计划书案例等		

产品设计制造 / 服务提供（实施计划）

教师活动	学生活动	评价
1. 讲解“智能巡堂系统”的功能，具体包括： ① 软件分服务器端和客户端两部分，服务器端安装在固定计算机上，客户端安装在移动端（平板或者手机）上，客服端用于输入巡堂指标的各项数据，并传输到服务器端，服务器端的后台自动记录数据并直接保存到校园网上，同时分别将记录发送到相应教师的邮箱或微信。 ② 客户端有场地选项，督导员在巡查时，每到达一处场所，可点选当前的教学场地名称或编号。 ③ 客户端有系别、教师名字、课程名称等信息选项，督导员在巡查时，每到达一处场所，可点选当前的相关信息。 ④ 督导员在巡堂时，手持平板或者手机，通过客户端，对各项巡查指标进行记录，记录方式要求免输入，即先将各种可能做成选择题的选项，督导员巡堂时，只需点选最接近的其中一个选项。	1. 听教师介绍巡堂 App 的功能和结构框架。	是否能按时开发出众创空间 APP？运行体验是否良好?
2. 组织学生展示和分享智能巡堂 App 的功能需求，各小组彼此补充完善。	2. 讨论智能巡堂 App 的功能需求，结合前面的调研报告，编制一个海报，向其他组说明本组确定的 App 功能需求。	
3. 复习 HTML 语言、CSS、JavaScript 等相关知识。 ① HTML 是超文本标记语言的简写，它是网页开发前端三剑客之一，主要负责搭建网页的骨架。 ② CSS 主要负责网页样式，网页内容如何分布，板块背景、颜色等外观问题可以有 CSS 控制。 ③ JavaScript 是一种动态的脚本语言，在服务器端迸发出非凡的活力，成为当前非常活跃的语言之一。 因此想要做 App 开发，就必须要掌握 HTML 语言、CSS、JavaScript。	3. 复习 HTML 语言、CSS、JavaScript 等相关知识。 ① 复习 HTML 语言，并用其设计智能巡堂的网页。 ② 复习 CSSL 技术，并用其设计智能巡堂的客户端，确保督导员使用手机或平板都有良好的视觉体验 ③ 复习 JavaScript 语言，并用其设计网页的交互效果。	
4. 复习服务器语言。 该项目要求学生至少掌握一门服务器语言。开发者至少需要了解大致的框架，能够看懂其代码逻辑，这样不仅可以很好地实现前后端的配合，也能够在 App 出现 bug 的时候进行修复。比较常用的服务器的语言有 PHP、Java、Python、ASP 等。	4. 复习服务器语言，并用其设计系统的服务器端	
5. 复习数据库语言。 除了学习前端知识、服务器语言外，该项目涉及的专业技能还包括数据库语言，对于常用的 MySQL、msSQL、MongoDB、Oracle 等数据库都要有所了解	5. 复习数据库操作语言，并用其设计系统的数据库，实现数据库与客户端的联动	
1. 硬资源：一体化课室等。 2. 软资源：工作页、参考教材、授课 PPT 等		

学习任务：智能巡堂系统

1 挖掘商机
市场调研
（获取信息） → 2 编写商业计划书
（制订计划） → 3 优化商业计划书
（做出决策） → 4 产品设计制造 / 服务提供
（实施计划） → 5 产品 / 服务验证
（检查控制） → 6 产品 / 服务发布
（评价反馈）

	教师活动	学生活动	评价
产品 / 服务验证（检查控制）	引导学生小组寻找种子客户进行应用体验，并收集反馈意见	1. 在目标客户中，请 1 位督导员、4 位任课教师，体验 App 并进行试用，邀请其发表试用情况感受，提供反馈意见。 2. 根据反馈意见，修改 App，并邀请上述 5 位用户再次测试 App，收集修改意见，并再次修订。 3. 修订商业计划书中的财务分析与未来规划	
	1. 硬资源：一体化课室等。 2. 软资源：工作页、参考教材、授课 PPT 等		
产品 / 服务发布（评价反馈）	1. 说明项目路演评价标准。 2. 组织各组制作路演 PPT，并进行项目路演。 3. 布置完成个人总结，客观评价组员的任务表现	1. 聆听教师介绍项目路演的评审标准，总结项目有哪些技术创新点，分析项目的成本与收益，注意项目亮点在 PPT 和汇报中的体现。 2. 小组制作路演 PPT，从项目背景、市场分析、产品介绍、创新做法、市场定位、营销渠道、财务预测、风险预测、三年规划、团队介绍等方面进行项目路演。 3. 在工作页中填写个人工作总结，客观评价组员的任务表现	从项目的创新性、商业价值、财务分析、团队介绍、答辩情况等方面综合评价学生的路演
	1. 硬资源：一体化课室等。 2. 软资源：工作页、参考教材、授课 PPT、路演 PPT 案例、路演录像、路演技巧讲解教学视频等		

评价方式与标准

1. 评价方式

评价方式可参照创新创业大赛的形式，或直接参加校级创新创业大赛，通过现场展示进行考核评价，各项目团队制作展示的 PPT、视频等材料，上台介绍项目的基本情况、商业价值、技术创新、商业模式、财务状况、团队分工等情况，现场评分。

2. 评委组成

由任课教师、创新创业指导中心教师、校外创业导师组成。

3. 评审标准

评审内容	评审细则	配分
商业价值	1. 符合国家产业政策和地方产业发展规划、现行法律法规相关要求。 2. 竞品分析充分，对项目的产品或者服务、技术水平、市场需求、行业发展等方面定位准确、调研清晰、分析透彻。 3. 商业模式设计可行，具备盈利能力。 4. 在竞争与合作、技术基础、产品或服务方案、资金及人员需求等方面具有实践基础	
创新水平	1. 具备产教融合、工学结合、校企合作背景。 2. 突出原始创意和创造力，体现工匠技艺传承创新。 3. 项目设计科学，体现“四新”技术。 4. 体现面向职业、岗位技术创新、工种的创意及创新特点（如加工工艺创新、实用技术创新、产品 / 技术改良、应用性优化、民生类创新和小发明小制作等），具有低碳、环保、节能等特色	
社会效益	1. 服务精准扶贫、农民增收、绿色发展等需要。 2. 具有示范作用，可复制可推广。 3. 具备可持续发展潜力，促进社会就业	
团队能力	1. 团队成员的价值观、专业背景和实践经历、能力与专长、业务分工情况。 2. 指导教师、合作企业、项目顾问和其他资源的有关情况和使用计划。 3. 项目或企业的组织架构、股权结构与人员配置	
回答问题	答辩过程中，回答问题准确、有条理	

参考文献

[1] 周文洁 . 微信小程序开发实战 [M]. 北京：清华大学出版社，2020.

[2] 罗力格，麦卡洛 . GIT 团队协作 [M]. 2 版 . 王迪，丁彦，等译 . 北京：人民邮电出版社，2022.

[3] 肖睿，邓小飞 . Html 5+css3 开发实战 [M]. 北京：人民邮电出版社，2020.

[4] 黑马程序员 . ASP.NET 就业实例教程 [M]. 2 版 . 北京：人民邮电出版社，2021.

[5] 黑马程序员 . Android 移动应用基础教程 [M]. 北京：中国铁道出版社，2019.

[6] 马骏 . C# 网络应用编程 [M]. 2 版 . 北京：人民邮电出版社，2010.

[7] 尚展垒，唐思均 . ASP.NET 程序设计（慕课版）[M]. 北京：人民邮电出版社，2017.

[8] 张凡 . 3ds max 2018 中文基础与实例教程 [M]. 6 版 . 北京：机械工业出版社，2019.

[9] 王东霞，郝小会 . 计算机应用基础项目化教程（Windows 10+Office 2016）[M]. 3 版 . 北京：人民邮电出版社，2021.

[10] 刘海燕 . VMware 虚拟化技术 [M]. 2 版 . 北京：中国铁道出版社，2021.

[11] 刘毅，朱小平 . 系统集成项目管理工程师考前冲刺 100 题 [M]. 2 版 . 北京：水利水电出版社，2017.

[12] 杨云，高玉珍 . 数据库管理与开发项目教程 [M]. 3 版 . 北京：人民邮电出版社，2022.